超高层写字楼工程管理创新实录

 北京双圆工程咨询监理有限公司

主　编　程　峰

副主编　徐　强　张陆凯　潜宇维　李　峥

中国建筑工业出版社

图书在版编目（CIP）数据

超高层写字楼工程管理创新实录/程峰主编．—北京：中国建筑工业出版社，2016.3
ISBN 978-7-112-19100-0

Ⅰ．①超… Ⅱ．①程… Ⅲ．①超高层建筑-工程管理 Ⅳ．①TU243.2

中国版本图书馆CIP数据核字（2016）第036550号

　　超高层建筑是科技进步和经济发展的结晶，目前我国已建成的300m以上超高层建筑占全球三分之一以上，在建的300m以上超高层建筑占全球三分之二左右，已进入超高层建筑大发展的时代。超高层建筑体量大、体形复杂、功能综合，普遍具有技术难度大、管理复杂、审批复杂、社会影响显著等特点，在设计技术、施工技术、工程管理方面极具挑战，本书以北京望京SOHO—T3这一典型的超高层写字楼项目为实际案例，介绍了超高层建筑工程管理中深化设计管理、工程计划管理、材料设备供应管理、专业配合及协调、品质与功能控制、安全文明施工管理等实践经验，总结了工程管理信息化、精细化、一体化的新成果，供建设单位、监理单位、项目管理单位、施工单位等参考，也可供相关咨询管理单位及工程类院校师生参考。

责任编辑：曾　威　张　磊
责任设计：董建平
责任校对：陈晶晶　刘　钰

超高层写字楼工程管理创新实录
北京双圆工程咨询监理有限公司
主　编　程　峰
副主编　徐　强　张陆凯　潜宇维　李　峥
*
中国建筑工业出版社出版、发行（北京西郊百万庄）
各地新华书店、建筑书店经销
霸州市顺浩图文科技发展有限公司制版
北京云浩印刷有限责任公司印刷
*
开本：787×1092毫米　1/16　印张：11½　字数：277千字
2016年4月第一版　2016年4月第一次印刷
定价：**39.00**元
ISBN 978-7-112-19100-0
（28443）

本书编委会

组织编写单位：北京双圆工程咨询监理有限公司

主　编：程　峰

副主编：徐　强　张陆凯　潜宇维　李　峥

编　委：刘文航　梁　咏　肖飞飞　周卫新　安　民　孟华勋

　　　　王向东　李晓刚　于　戈　郑　群　史壮志　杨宇雷

　　　　赵献文　张　婷　王　琳　宋向山　钱凤林　孟德才

　　　　许　伟　刘　锴　赵希望　王春生　崔　智

　第1章编写人员：

　　第1节　梁　咏　张　婷　李晓刚

　　第2节　程　峰

　第2章编写人员：

　　第1节　肖飞飞　王　力

　　第2节　王　力　吕　超

　　第3节　吕　超　肖飞飞

　第3章编写人员：

　　第1节　李　峥　王利军

　　第2节　高　凌　于　戈

　　第3节　王利军　张　婷

　　第4节　郝鹏远　孟华勋

　　第5节

　　　　5.1　张陆凯　宋玉鹏

　　　　5.2　刘　蕾　王利军

　　　　5.3　梁　咏　王向东

　　　　5.4　宋玉鹏　张陆凯

　第4章编写人员：

　　第1节　梁　咏　徐　强　史壮志

　　第2节　孟德才　邢学贵

　　第3节　张陆凯　郑　群　刘　蕾

封面图片提供：隗功辉

前　　言

北京双圆工程咨询监理有限公司是全国首批工程建设监理试点单位之一，并首批荣获全国甲级监理资质，现拥有中华人民共和国住房和城乡建设部批准的房屋建筑工程、机电安装工程、市政公用工程、化工石油工程监理甲级资质及公路工程监理乙级资质，是国际咨询师联合会正式会员单位，同时具备信息系统监理资质、人防监理资质、工程咨询甲级、工程造价咨询甲级、工程招标代理甲级资质，是北京市高级人民法院司法鉴定单位、北京仲裁委员会鉴定单位、北京市住房和城乡建设委员会工程项目管理推荐单位。

目前国内每年在建的超高层写字楼工程超过百项，北京双圆工程咨询监理有限公司有幸参加了其中多个项目的建设，服务范围包括技术咨询、项目管理及工程监理等方面，在超高层写字楼的工程管理方面积累了一定的经验，近年以北京望京 SOHO 项目等为代表，其工程管理追求的不仅仅是按既定目标完成工程项目，还有价值创造与管理创新。

建设单位将发动并实施信息化管理作为基础性工作，制订了信息化管理的规划，从单一地运用信息技术走向工程管理信息化，BIM 应用及项目信息平台建设与应用等有效地提高了工程管理的效率；精细化管理，将管理的规范性与创新性有机结合，通过分析工程项目管理需求，找准关键问题、发现薄弱环节，有针对性地建立和完善管控体系，实现了管理对工程的促进作用；工程管理一体化，使项目各参建单位以工程需求为核心，共同建立并维护统一的管理流程及合理分工，使传统的对立、博弈走向合作、互助，提升了管理的层次和境界。本书结合工程管理实践中多项工作及细节，努力将超高层写字楼工程建设管理创新方面的内容介绍给同行以供交流。

北京双圆工程咨询监理有限公司借此书，向提供支持与帮助的建设单位、施工单位表示感谢。

目　　录

第1章　超高层写字楼工程特点及管理难点

随着科技的发展及社会的进步，超高层建筑的概念与内涵不断变化，在不同国家和地区也有所差别，我国《建筑设计防火规范》（GB 50016—2014）规定"高层建筑为建筑高度大于 27m 的住宅建筑和建筑高度大于 24m 的非单层厂房、仓库及其他民用建筑"，《高层钢筋混凝土结构技术规程》（JGJ 3—2010）规定"高层建筑为 10 层及 10 层以上或房屋高度大于 28m 的住宅建筑和房屋高度大于 24m 的其他民用建筑"，《民用建筑设计通则》（GB 50352—2005）规定"建筑高度大于 100m 的民用建筑为超高层建筑"，超高层建筑的出现是人类美好愿望、社会需求、科技进步和经济发展的结合。

目前我国已建成的 300m 以上超高层建筑占全球三分之一以上，在建的 300m 以上超高层建筑占全球三分之二左右，目前国内在建的超高层建筑有深圳平安金融中心（约 660m）、上海中心（约 632m）、武汉绿地中心（约 606m）、高银 117 大厦（约 597m）、广州东塔（约 530m）、中国尊（约 528m）、苏州中南中心（约 729m）等，2013～2018 年国内计划建成 250m 以上的超高层建筑近二百栋，我国已进入超高层建筑大发展的时代。

超高层建筑一般基础深、体量大且体形复杂多样，多为群体建筑，建筑功能多为综合型、办公用途的比重较大，工程资金投入巨大，大部分项目的建设周期在 5～8 年，目前在建的超高层建筑项目，普遍具有技术难度大、管理复杂、审批复杂、社会影响显著等特点，大多成为地标性建筑，本章介绍了望京 SOHO 项目概况，收集了部分超高层建筑项目的实际资料，对超高层建筑工程管理的特点与难点进行了分析。

1.1 望京 SOHO 项目的工程及管理概况

北京望京 SOHO 项目由 SOHO 中国有限公司投资开发建设，建设单位为北京望京搜侯房地产有限公司，位于北京市朝阳区望京中二街，是集商业办公于一体的大型综合项目，由英国扎哈·哈迪德建筑师事务所、悉地（北京）国际建筑设计顾问有限公司设计，工程分多个标段（其中 T3 塔楼标段由中建一局集团建设发展有限公司总承包，由北京双圆工程咨询监理有限公司实施监理），占地面积 115392m²，总建筑面积 521265m²。整个建筑群由 3 栋集办公和商业于一体的高层建筑和三栋低层商业组成，地下室为一个整体，其中 T3 塔楼高度达 200m，每栋塔楼的平面和立面都呈弧形，体现自然风动的感觉和效果，平面上宛如三条游动的鱼，立面为风吹过的飘带，富有现代感和艺术感，是从首都机场进入市区的一个引人注目的高层地标建筑，以下介绍项目的基本情况。

1.1.1 设计理念

望京 SOHO 项目由三栋塔楼组成，仰视时犹如三座相互掩映的山峰，俯视时宛似游动嬉戏的锦鲤。其独特的曲面造型使建筑物在任何角度都呈现出动态、优雅的美感。塔楼外部被闪烁的铝板和玻璃覆盖，与蓝天融为一体。通过流畅的线条，望京 SOHO 的三座塔楼以及环绕四周的绿化带都被巧妙地融合到了周边的环境之中，区域内小径连绵起伏，动感十足，为人们提供了一个绝佳的购物、休闲场所。在塔楼的中间地带形成"峡谷区"，诸多商店和各种活动场所在此构成了一条购物休闲街，而在"峡谷区"的东西两侧各有一个下沉式花园，使整个区域显得生机勃勃、错落有致。建筑俯视见图 1-1。

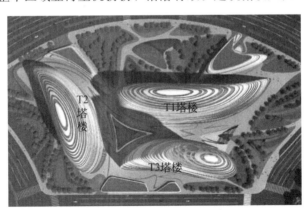

图 1-1　望京 SOHO 项目建筑俯视图

望京 SOHO 是世界建筑大师扎哈·哈迪德的作品，其设计理念是"灵动（Spirit）"。这一极具抽象意味的词汇可涵盖拆解为"曲线（Spirit-Spline）"、"智慧（Spirit-Intelligence）"、"舒适（Spirit-Relax）"及"流行（Spirit-Popular）"。

1.1.2 建筑概况

1. 办公部分

办公大堂层高 10m，面积均在 1000m² 以上，其中 T1 大堂面积约为 2200m²，T2 大堂面积约为 1700m²，T3 大堂面积约为 1100m²；共有办公客梯 81 部，电梯厅 16 个，设有门禁系统，实现办公、商业及服务的人流区分，保证办公区有序、整洁、安全；办公楼层高分别为 3.6m、3.8m、4.2m，适合不同办公人群的需求；办公户型建筑面积分布面广，既适合小面积投资客户，又能够满足大面积自用需求，大堂设计效果见图 1-2。

2. 商业部分

商业建筑面积总计 52793m²，其中地上为 40465m²，地下一层为 12328m²。商业楼层的层高：B1 层为 5.2m；F1、F2 层高为 5.0m；三栋小商业 F1、F2、F3 的层高为 5.0m；地下商业与三栋办公塔楼首层大堂相连，办公人群可快速到达 B1 层商业；F1、F2 层商业大多数预留室内楼梯空间，具备上下层联合经营的条件，商业部分设计效果见图 1-3。

图 1-2　办公大堂效果图　　　　　　　　　图 1-3　商业部分效果图

3. 景观园林

景观园林共约 5 万 m²，绿化率为 30%，形成都市园林式办公环境。为了体现四季更迭变化，望京 SOHO 打造了休闲剧场、场地运动、艺术雕塑、水景四大主题景观，东侧独特的坡地式露天休闲剧场可承接各类大型的文化、商业活动；南侧约 3 万 m² 景观中设置了小型艺术馆、网球场地、小型足球场地；西侧是以艺术雕塑为主题的景观设计，可举办艺术展览；北侧是大型水景设计，在夏天提供清凉的休息场所，在冬天是室外冰场，景观设计效果见图 1-4。

图 1-4　室外景观效果图

1.1.3　绿色建筑标准

望京 SOHO 在建筑设计和施工管理等方面执行美国绿色建筑 LEED 认证金级级别标准，打造节能、节水、舒适、智能的绿色建筑。

（1）节能：总体节能量 36%，碳排放低于北京同类建筑标准 44%。采用高性能的单元式玻璃幕墙系统，玻璃采用双银 LOW-E 玻璃，综合节能效率优于普通 LOW-E 玻璃，具有高可见光透过率和低太阳能透过率，夏季能有效阻挡太阳能的进入。

（2）节水：中水回收和利用使本项目建筑节水率达到 40%。在办公的各楼层设置直饮水供应点，自来水经多级过滤处理后，达到生饮水标准，为办公人员提供安全卫生的饮用水。

（3）舒适：集中的新风净化处理系统提供洁净的空气，新风量较美国 LEED 基本标准增加 30%，新风采用高效静电除尘过滤，瞬间杀灭细菌和病毒，并过滤空气中灰尘。

（4）能的绿色建筑：设置智能楼宇管理系统实现智能化管理，让生活和工作在楼里的人更高效、安全、舒适。

1.1.4 机电系统概况

1. 电气专业

电气专业基本情况见表 1-1。

电气专业基本情况 表 1-1

系统	基 本 情 况
电源	按照本工程供电方案，由新建望京东变电站不同母线段引来双回路 10kV 电源，由新建五元变电站引来单路 10kV 电源，本工程需建电缆分界小室三进六出，变电站出线电缆采用 YJV22-3＊300。 每个塔楼设独立变配电站，共设三个 10/0.4kV 主变电站．每个变电站分别从本工程电缆分界小室引来两路 10kV 电源，要求两路 10kV 电源，当一路电源发生故障时，另一路电源不应同时受到损坏，两路高压电源同时工作，互为备用，每路均能承担全部一、二级负荷
负荷等级	特别重要负荷：消防控制室、火灾自动报警及联动控制装置、火灾应急照明及疏散指示标志、防烟及排烟设施、自动灭火系统、消防水泵、消防电梯及其排水泵、电动的防火卷帘及防火门等消防用电、变配电室、柴油发电机房，安防监控系统等电子信息设备用电和航空障碍照明等； 一级负荷包括：生活泵、潜污泵、客梯用电、走道照明、厨房事故排风机等； 二级负荷包括：热力站用电设备等； 三级负荷包括：普通照明、普通动力、中水机房、冷冻机房等
低压配电系统	低压配电系统采用 220/380V 放射式与树干式相结合的方式，对于单台容量较大的负荷或重要负荷如：制冷机房、水泵房或较重要负荷如：电梯机房、变配电所用电、消防控制室等采用放射式供电；对于一般负荷采用树干式与放射式相结合的供电方式。 较为分散的负荷采用电缆供电，大容量制冷机和办公用电采用封闭式母线供电。 一级负荷中特别重要负荷采用市电及柴油发电机双电源供电，并在其配电线路的最末一级配电箱处设置自动切换装置。一级负荷为双回路供电，并在末端或合适位置自动切换； 二级负荷采用市电双回路供电并在适当位置互投； 三级负荷采用单回路供电
动力系统	动力系统包括：消防水泵、喷淋泵、污水泵、排/送风机、排烟风机、电梯、防火卷帘门、厨房设备；空调机房等设备：电制冷机组、冷冻泵、冷却泵、冷却塔风机、风机盘管等。 对于单台容量较大的负荷或重要负荷如：制冷机房、水泵房或较重要负荷如：电梯机房、变配电所用电、消防控制室等采用放射式供电；对于一般负荷采用树干式与放射式相结合的供电方式
照明系统	公共空间（门厅、走廊、地下车库等）的照明采用楼宇控制系统控制灯具的开关，设备用房等功能房间照明采用就地开关控制。 楼梯间及前室、消防电梯间及前室、合用前室和避难层的照明 100% 为应急照明。 消防控制室、消防设备机房、固定通信机房、变配电室、柴发机房等房间的照明 100% 为应急照明。 应急照明由两路市电供电，双电源末端自动切换。另设集中式应急电源装置（EPS）作为备用电源，EPS 蓄电池持续工作时间：消防控制室、消防设备机房、变配电室、柴发机房≥180min，其他区域≥90min，电源切换时间不大于 5s

系统	基 本 情 况
防雷接地系统	本工程属于二类防雷建筑。建筑的防雷装置满足防直击雷、侧击雷、防雷电感应及雷电波侵入要求,并设置总等电位连接。 在各变配电室低压配电柜处、屋顶及室外设备的供电电源处安装三相电压开关型 SPD 作为第一级保护;分配电柜线路输出端安装限压型 SPD 作为第二级保护;在电子信息设备电源进线端安装限压型 SPD 作为第三级保护。 本工程接地型式采用 TN-S 系统,防雷接地、变压器中性点接地、电气设备的保护接地、电梯机房、消防控制室、通信机房、计算机房等的接地共用统一接地体,要求接地电阻不大于 0.5Ω,实测不满足要求时,增设人工接地极。 从变配电室至强电竖井内的桥架上敷设一条 40mm×4mm 热镀锌扁钢,将变配电室接地与强电竖井内接地相连。电缆桥架及其支架全长应不少于两处与接地干线连接。所有强电竖井内均垂直敷设一条,水平敷设一圈 40mm×4mm 热镀锌扁钢,水平与垂直接地扁钢间应可靠焊接

2. 暖通专业

暖通专业基本情况见表1-2。

暖通专业基本情况   表1-2

系统	基 本 情 况
冷热源	T3 设一个冷冻机房,位于地下四层,机房内设 850RT 离心式制冷机组 3 台,350RT 螺杆式制冷机组 2 台,为 T3 提供空调冷源;采暖空调热源采用城市热力,由城市热力提供 150/90℃、压力为 1.57MPa 的一次热水至各热交换站;三个塔分别设置热交换站,每个换热站分别设置办公空调、商业空调和办公大堂地板采暖换热装置
冷却塔	T3 设 646m³/h 横流塔 3 台,270m³/h 横流塔 2 台;165m³/h 租户预留冷却塔 2 台,50m³/h 租户预留冷却塔 2 台
空调系统	每个塔的一层入口办公大堂为两层挑空空间,各设计一套全空气空调系统。全空气系统为单风道低速系统,设计为双风机系统,在过渡季时可转换成全新风运行。幕墙处设底板管槽式散热器克服维护结构负荷。 本工程商业、办公、PAVILLIN 及物业部分均设计风机盘管+新风系统,方便各房间独立调节。地下三层物业、地下一层商业新风系统分片功能设置,新风系统风管水平设计,并按防火分区设置;地上商业和地上办公部分,新风系统采用竖向系统;办公新风系统考虑全热回收,热回收装置为转轮热回收。 T3 空调水系统分为低、高两个区,低区地下至 15 层,高区分为两个区,其中高 I 区为 16 层至 28 层,高 II 区为 F31 层至 45 层,为降低空调末端系统设备管道的承压,高区空调冷热板换均设在 15 层避难兼设备层;空调水系统均为两管制,夏季供冷,冬季供暖;考虑风机盘管和空调机组的阻力差异及便于管理,风机盘管与空调(新风)机组水系统主干管分别从集分水器引出;空调水系统立管设计为异程系统,水平干管设计为异程系统;T3 空调冷却水系统工作压力为 1.0MPa,空调冷冻水系统工作压力为:低区 1.0MPa,高 I 区 1.0MPa,高 II 区 1.6MPa
采暖系统	卫生间、设备用房采用风机盘管采暖,首层办公大堂设地板辐射采暖系统;风机盘管采暖系统热源:与商业或办公空调系统合用,除 T3 高区风机盘管供回水温度为 58/48℃,其余风机盘管供回水温度为 60/50℃;地板辐射采暖系统热源:由各塔的换热站地板采暖换热系统提供 50/40℃二次热水供地板采暖用
通风系统	自然通风:所有靠外墙的空调房间,均可利用可开启外窗在天气适宜时段自然通风,消除室内余热和余湿。 机械送排风:热交换机房、热交换进线间、制冷机房、生活水泵房、消防水泵房、中水处理机房、空调水泵间、变配电室、柴油发电机室、电缆夹层、水箱间、换热机房设独立机械送排风系统; 机械排风:雨水泵房、变配电室电缆夹层设独立机械排风系统,自然补风; 商铺厨房设计机械补风系统和厨房排油烟系统。 自行车库、库房、电缆夹层、气瓶间、进线间、报警阀间、水箱间、垃圾间、隔油间等用房设计机械送排风系统,其中垃圾间排风风机前加活性炭装置。 淋浴、更衣、卫生间均有机械排风系统或排气扇排风,更衣设有新风,淋浴与卫生间进风来自于临近区域,卫生间排风系统设计为竖向排风系统,水平由排气扇排至竖井,在屋顶、中间设备层或设备机房设排风机排出,在中间设备层或设备机房设排风机排出时,在风机前加光解氧化装置。 汽车库:地下一层、地下二层、地下三层汽车库设计机械送排风系统

防排烟系统	采用机械排烟方式和可开启外窗的自然排烟方式进行设计,地下一、二、三层汽车库设置机械排烟系统,车库送风系统均兼放补风,汽车库排烟系统单独设置,每个防火分区设计两个排烟系统。 T3 地上防烟楼梯间,合用前室无外窗,均设计加压送风系统。 事故通风系统设计:电气间房设有气体灭火系统,为排除其灭火后房间内充满的七氟丙烷气体,设有一套气体灭火事故排风系统

3. 给水排水系统

给水排水系统见表1-3。

给排水系统   表 1-3

水源	水源为 4 路市政自来水,市政供水压力 0.18MPa
供水系统	生活给水采用市政给水管网直供与水箱、水泵加压相结合的供水方式。 T3 管网竖向分四个压力区。低区由城市自来水水压直接供水;中区由中区变频调速泵装置供水;高区由设在 29F 避难层的高区生活水箱及变频调速泵装置供水。分区范围内设置干管及支管减压阀。在地下四层设置给水机房
生活热水系统	所有热水供应部位采用容积式或即热式电热水器分散供应热水
中水给水系统	中水原水为办公区域内及公共区域内的脸盆排水、淋浴水、空调冷却系统排污水时、冷凝水。中水原水收集进入中水机房调节水池,经处理后的中水用于全部的卫生间大小便器冲洗、洗车、车库地面冲洗、室外景观补水、室外绿化等。地下四层设中水机房。 中水系统分区同给水系统
污废水排水系统	本系统室内污、废分流,室外污、废合流,经室外化粪池或隔油池处理后排入市政污水管网。其中盥洗用洗涤废水、空调冷却系统排污水、冷凝水作为中水源水
雨水系统	屋顶雨水采用87雨水斗系统,幕墙雨水采用外排水方式,雨水沿幕墙排入建筑首层地面周边雨水沟。建筑露台排水采用87雨水斗系统,雨水以重力流方式排水至下一层地面,每隔几层设置一套87雨水斗系统。屋面、建筑露台雨水经汇集后排至室外雨水干管。地下车库坡道的拦截雨水、下沉广场地面雨水、窗井雨水,用管道收集到地下室雨水坑,用潜污泵提升后排除。 在红线外代征绿地内,设置雨水收集池,收集红线内雨水管道排水,处理后用于绿化、冲洗地面等
空调冷凝水系统	空调冷凝水在室内自成排水系统,经汇集后排入中水清水池

4. 消防水系统

消防水系统见表1-4。

消防水系统   表 1-4

消防水源	消防水源为市政自来水。室外消防用水由市政管道直接供给,室内消防用水(主要)由内部贮水池供给,贮水池设在地下四层,消防水池贮水约 900m³
室外消火栓系统	供水水源为城市自来水。室外 DN300 给水环网为室外消火栓与生活共用管道,室外消火栓接自环管
室内消火栓系统	T3 管网系统竖向分 5 个压力区。(B4~B1)为低区,(1F~27F)为中区,其中(1F~12F)为中Ⅰ区,(13F~27F)为中Ⅱ区,共用一组消防泵,消防泵房设于地下四层,1用1备。中Ⅱ区消防泵直接供给,中Ⅰ区、低区经减压阀减压后供给。(28F~36F)为高Ⅰ区,(37F~45F)为高Ⅱ区,在 29 层设备层设高区消防水箱及高区消防水泵 2 台,1用1备

自动喷水灭火系统	T3 管网竖向分成 4 个压力区，(B4～B1) 为低区，(1F～27F) 为中区，其中 (1F～12F) 为中Ⅰ区，(13F～27F) 为中Ⅱ区，(28F～45F) 为高区。中Ⅱ区喷淋泵直接供给，低区、中Ⅰ区经减压阀减压供给。在 29 层设备层设高区消防水箱，并设自动喷淋水泵 2 台，1 用 1 备。T3 屋顶水箱间设稳压泵稳压
气体灭火系统	变配电间及电缆夹层采用 IG541 混合气体灭火系统。柴油发电机房、电信模块局 1、电信模块局 2 等处设七氟丙烷预制灭火系统

5. T3 项目的主要设备

850RT 离心式制冷机组 3 台，350RT 螺杆式制冷机组 2 台；646m^3/h 横流冷却塔 3 台，270m^3/h 横流冷却塔 2 台；165m^3/h 租户预留冷却塔 2 台，50m^3/h 租户预留冷却塔 2 台；组合式空调机组；热回收型新风机组；各类风机；各种水泵；柴油发电机以及变配电室内设备、配电箱柜、EPS 柜等。

6. 机电工程的深化设计工作

机电主管线综合及剖面图、机电主管线及末端综合及剖面图、预留预埋图、设备机房安装大样图、设备基础图、电气竖井大样图、水管井大样图、卫生间详图等，经 BIM 建模碰撞测试、现场协调、通过审批后指导施工。深化设计图纸内容须显示所有有关设备管道和附属配件的布置安排、施工土建配合要求、与其他机电承包合同的分界面及施工所需的大样详图等。

1.1.5 工程特点及技术难点

望京 SOHO—T3 项目主楼建筑檐高 200m，总建筑面积 164250m^2，地上 45 层为办公及商业，地下 4 层为车库及设备用房。地下室采用钢筋混凝土框架-剪力墙结构，地上采用钢结构框架－钢筋混凝土筒体结构，屋盖采用钢结构玻璃穹顶。该工程主体结构分为内筒、外框两区域，内筒由两个核心筒组成，外框由 34 根圆管柱构成，核心筒区域的钢骨柱从地下四层开始进行安装，采用钢筋混凝土梁与剪力墙暗柱进行连接。外框 34 根钢管柱从地下二层开始进行安装，外框架钢柱与核心筒通过楼层混凝土梁连接成整体。内筒有双核心筒从 17 层开始，逐层开始内缩，直至 43 层变为单核心筒，外框架逐层收缩，从而实现曲线、收缩的独特造型，结构平面示意见图 1-5。

工程具有建筑高度高、技术含量高、管理标准高的特点，相应给工程组织管理带来了难题。

1. 建筑高度高

1）超高层施工组织技术难点多

结构施工模板选型：核心筒墙体模板面积 4000m^2，施工周转 45 层。垂直运输组织：土建施工材料、钢构件以及周转材料的垂直运输量大，人员的垂直交通运输难度大。

结构垂直度控制：施工楼层多、作业面多，结构垂直度控制难度大，核心筒先行施工，控制点垂直投测条件有限。

超高层混凝土泵送：混凝土垂直运输时间长、泵压大，泵送性能要求高，钢管柱内的自密实混凝土，对坍落度和扩展度的泵送损失控制要求高。

2）垂直运输设备多、布置及管理复杂

地下结构施工阶段施工面积大、吊次多、吊重不大（除少部分钢柱外），主要为钢筋、

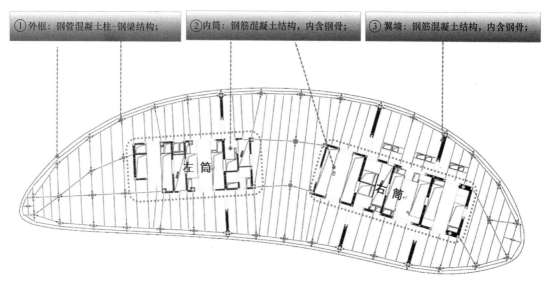

| ①外框：钢管混凝土柱-钢梁结构； | ②内筒：钢筋混凝土结构，内含钢骨； | ③翼墙：钢筋混凝土结构，内含钢骨； |

图 1-5　结构平面示意

模板、架料、小型设备以及地下室钢结构柱的安装，采用平臂塔吊，具有使用费用低、覆盖范围大、吊速快的优势。地下结构施工阶段采用三台塔吊负责材料运输，由西向东依次为 T3-1 塔吊型号 Q7030，臂长 70m；T3-2 塔吊型号 ST7030，臂长 70m；T3-3 塔吊型号 Q6015，臂长 55m，其中以 T3-1 塔和 T3-2 塔为主，塔吊平面布置示意见图 1-6。

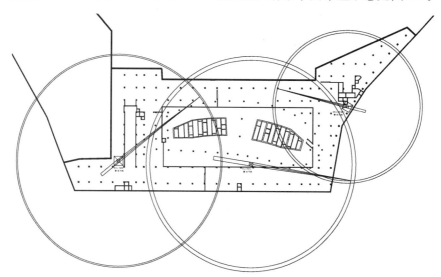

图 1-6　地下结构施工阶段塔吊布置平面

地上结构施工阶段施工面积缩小至主楼范围，需要解决大量钢柱、钢梁、桁架、爬模的悬臂支架等构件的吊装，采用动臂塔吊。地上钢结构构件数量和重量是塔吊数量和型号选择的关键因素，地上结构施工阶段选用三台动臂塔，由西向东依次为：T3-4 塔吊，型号 JCD260，臂长 50m；T3-5 塔吊，型号 TCR6055，臂长 50m；T3-6 塔吊，型号 TCR6030，臂长 50m，塔吊平面布置示意见图 1-7。

超高层建筑项目垂直运输距离远，为了满足上下运输效率要求，临时电梯选用高速

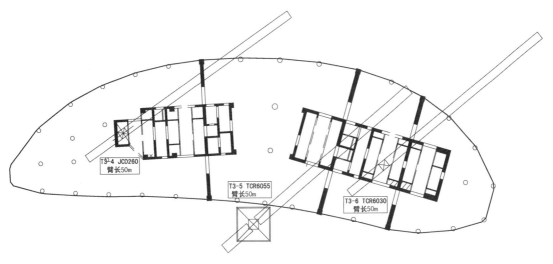

图 1-7 地上结构施工阶段塔吊布置平面

梯，梯速为 90m/min，本工程临时电梯型号及参数见表 1-5。

临时电梯型号及参数 表 1-5

电梯编号	电梯型号	部位	运行楼层	提升速度	额定载重量	备注
1 号临时电梯	SC200/200Z	西核心筒	1~29 层	0~90m/min	2000kg×2	双笼
2 号临时电梯	SC200/200Z	东核心筒	1~37 层	0~90m/min	2000kg×2	双笼
3 号临时电梯	SC200/200Z	东核心筒	1~44 层	0~90m/min	2000kg×2	双笼

3）临时消防管理十分重要，根据现场施工进展情况，对临时消防分阶段进行设置见表 1-6。

临时消防分阶段设置 表 1-6

施工阶段	临时消防设置形式
地基基础施工阶段	室外消火栓管网，管径 DN150，埋地式消火栓
结构施工阶段 B4~F25 层	室外消火栓管网，室内 B3 层设置临时消防泵房，配备 2 台消防泵，2 台给水泵，1 套消防稳压系统；两个核心筒，分别设置 2 根消火栓立管，1 根施工临时用水管
结构施工阶段 F26~F45、装修阶段	室外消火栓管网，室内 F15 层设置临时消防泵房，负责 F15 层以上楼层临时消防，2 台消防泵，2 台给水泵，1 套消防稳压系统，30 层以下 4 根消火栓管道，30 层以上 3 根。F15 层以下临时消防由 B3 层消防泵房负责
竣工前阶段	正式消防系统替代临时消防系统

2. 技术含量高

1）结构复杂、测量定位难度大

（1）全弧线设计：整个建筑外立面和平面均为不规则的自然弧线设计，见图 1-8。

（2）无标准层，逐层内收：主楼外框边线呈自然变化弧形，F1~F45 层均为非标准层，逐层内收，内收的幅度无规律性，鱼头变化小，鱼尾变化大。

（3）结构复杂：建筑外形的特点决定结构复杂、构件布置变化较多，核心筒分段内缩

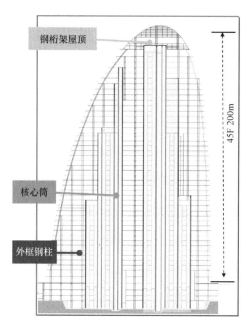

图 1-8　建筑立面弧线设计及逐层内收示意

封顶，外框钢柱为变斜率的斜柱，结构梁布置为非正交。

（4）工程形体复杂，各关键点采用绝对坐标定位，所有建筑形体定位均以轴线为基准，辅以 GPS 绝对坐标进行复核。

（5）工程分为两套轴网，两个核心筒的轴线呈折线，且轴线间不平行，施工过程中测量控制及复核难度大。

（6）工程轴线与外框钢柱、混凝土板边、幕墙轮廓线之间均不存在规律的几何关系，需分别定位。

2）曲线结构板边定位要求高。T3 标段主楼挑檐部位先铺设压型钢板，再进行混凝土浇筑。板边定位利用压型钢板长度和宽度进行控制。方法如下：将板边线按照压型钢板宽度 600mm 划分单元；将板边控制线的定位点转换为与钢梁中心线的距离关系，绘制定位控制图；根据定位图绘制挑板压型钢板排版图，明确起铺点位置和铺设方向；工厂加工不同长度的压型钢板，分部位标注编号，打捆进场安装；现场压型钢板铺设前，根据审批通过的排板图在钢梁上标注起铺点，压型钢板铺设时，根据起铺点及铺板方向进行压型钢板铺设；压型钢板铺设完成后，利用全站仪对板边控制点进行测量，当板边误差大于 2cm 时，对板边进行调整，板边线满足要求后，绑扎钢筋，浇筑混凝土，定位方法见图 1-9 示意。

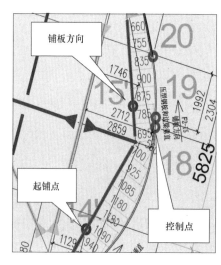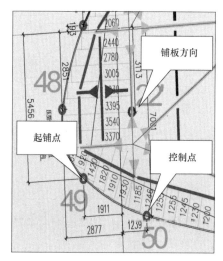

图 1-9　曲线结构板边定位示意

3. 基础施工难度大

基础底板厚度为 3200mm，局部底板最大厚度达到 8850mm，混凝土总浇筑量达到

13070m³，分两段分别连续浇筑。

1）保证混凝土供应及实现连续浇筑。B4层底板混凝土浇筑过程中，现场共布置4台混凝土泵，其中两台汽车泵及两台拖泵。两台汽车泵均产自三一重工，型号分别为SY5418THB-52E（6）、SY5313THB46E，施工现场布置见图1-10。

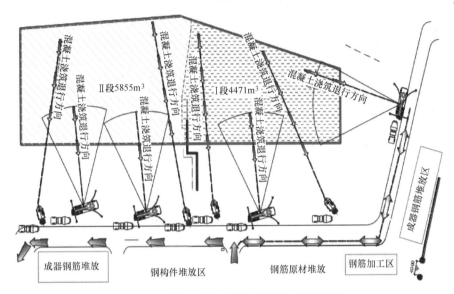

图1-10　底板混凝土分段浇筑施工现场布置

为减少交通堵塞、交通管制等因素造成混凝土运输的中断，浇筑时间安排在夜间、休息日进行，底板浇筑实施情况见表1-7。

底板浇筑实施情况　　　　　　　　　　　　　　　　表1-7

浇筑区域	浇筑开始时间	浇筑结束时间	浇筑时长	浇筑方量	每小时平均浇筑方量
B4层Ⅰ段	3月25日9:00	3月27日11:00	50h	6740m³	134.8m³
B4层Ⅱ段	4月1日20:30	4月3日16:30	44h	6330m³	143.8m³

2）优化混凝土配合比、控制内外温差

大体积混凝土水泥水化热释放集中，混凝土内部升温较快，从而引起内外温差较大，易导致混凝土产生温度裂缝，采取的措施包括：①对混凝土配比进行优化：混凝土的配比需符合大体积混凝土的特点，在保证混凝土强度的前提下，尽量减少混凝土的收缩值，降低混凝土内部水化热量，使用水化热较低的普通硅酸盐水泥、增加矿物掺合料粉煤灰的掺量等。②混凝土内外温差控制和养护：保证养护工作到位和及时，需根据测温记录测定混凝土内外温差，采取覆盖养护等，保证混凝土的养护工作的正常进行。

4. 全面应用工具式模板

1）为减轻塔吊的吊装压力及便于施工、确保工期节点目标，地上核心筒区域采用自动液压爬模系统和木梁胶合板模板体系。液压爬模通过预埋爬锥、导轨和液压提升机构实现自爬模板施工，爬模施工周期为每6～7天爬升一层，即6～7天完成一层核心筒的结构施工。爬模系统选用欧洲进口的木方及维萨板进行模板拼装，以保证混凝土完成面质量，适应地上45层的周转需要，木模板见图1-11。

图 1-11 木模板示意

2）及早安装和使用工具式模板。工程三层为标准节段，首层墙体浇筑前，在工地自备模板上安装埋件系统，待浇筑完毕后开始安装液压爬模装置（架体均为在地面预拼好后整体吊装），按顺序先后安装爬模下架体（包括吊平台），爬模上架体，最后安装模板。安装到位后，合模浇筑第二层混凝土墙体，浇筑完成后（达到拆模条件）退模并安装导轨，当混凝土达到强度（15MPa）后，可以爬升至上一层。从地上三层开始进入正常爬模状态，安装爬升流程见图 1-12。

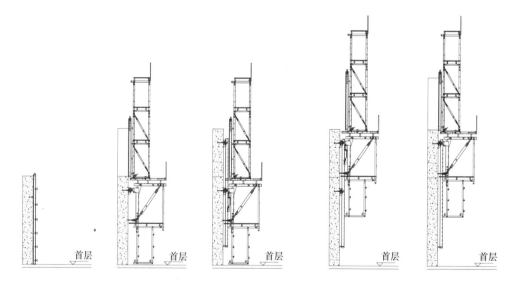

| ①首次混凝土浇筑 6.5m模板工地自备 | ②安装爬模上下架体合模浇筑第二层混凝土 | ③后移模板,安装挂座安装导轨及液压油路 | ④爬升架体到位 | ⑤合模浇筑随后进入标准爬升循环 |

图 1-12 液压自爬模安装流程示意图

5. 全面应用 BIM 技术辅助设计及施工

本工程利用 BIM 技术实现专业信息集成管理，机电综合管线图、钢结构深化设计等均通过碰撞检查，提出侦错报告后，进行了有效合理的改进，建立的碰撞模型见图 1-13。

其中机电综合图是根据设计单位的二维图纸，由机电深化组进行综合图的绘制，报送建设单位、设计单位、监理单位审批，同时发送 BIM 公司进行模型的创建，审批后形成

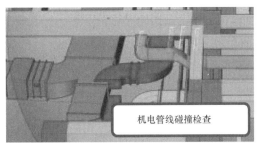

机电管线碰撞检查

幕墙模型

钢结构模型

图 1-13　各专业建立的碰撞模型示意

最终版综合图,由 BIM 公司进行碰撞检查,再根据检查结果进一步调整确认,从而完成整个综合图绘制审批流程,机电调整综合前后对比见图 1-14。

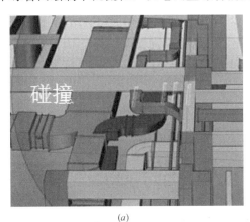

碰撞

(a)

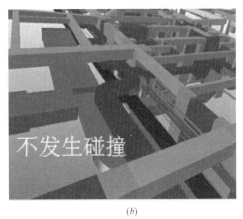

不发生碰撞

(b)

图 1-14　机电调整综合前后对比
(a) 调整前;(b) 调整后

　　钢结构深化设计及加工设计阶段引入 BIM 技术,通过 BIM 技术 3D 虚拟施工成果,解决设计缺陷和冲突。

　　6. 钢结构施工技术管理成为关键

　　T3 工程结构由钢筋混凝土核心筒+外框钢管混凝土柱组成,其中钢结构工程量大,总重约 1.8 万 t,构件数量约 1.5 万件。建筑造型奇特、结构复杂,结构无标准层,节点复杂,详图工作量大;钢骨柱与混凝土梁斜交,梁钢筋与柱连接复杂;钢管柱形状复杂及空间定位复杂，安装就位难度大，安装精度要求高；结构为弧形，测量难度大；混凝土梁与钢骨柱相连接，钢筋的排布难度大，核心筒墙体内设有钢骨梁、钢骨柱，外框筒有钢管混凝土柱和钢梁，大量钢结构与组合结构的节点施工难度大；地脚螺栓深埋底板中，需与钢筋绑扎同时施工；季节性施工质量保证难等。

1）相贯斜柱施工难度大

相贯斜圆管柱安装时须保证柱顶位置的坐标正确，保证柱下端与相应的两根钢柱接口位置的端口吻合。同时需控制环板的水平度，以保证钢梁安装时两端标高正确，采取多点位同步测量控制及校正；相贯柱混凝土浇筑是施工重难点之一，两斜柱相贯，且构件节点复杂，需要保证混凝土浇筑密实，相贯柱节点如图1-15。

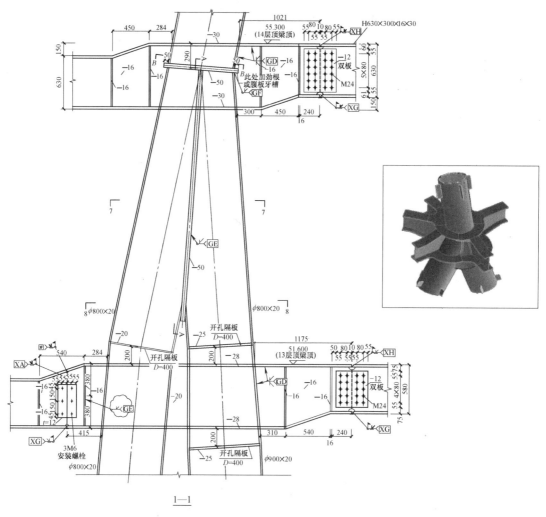

图 1-15 相贯柱节点

2）钢柱安装定位难度大

部分钢柱倾斜角度很大，安装就位难度高，须精确控制，保证构件与下节两根钢管柱及多道框架梁准确对接，倾斜较小的钢柱（节点处的焊缝和螺栓连接强度足以支撑钢柱斜度的要求），安装过程中无需搭设支撑；斜度较大的钢柱（与下方钢柱的连接强度无法支撑钢柱自身重量）安装过程中需临时加设支撑，钢柱安装后第一时间连接钢柱与周围结构之间的联系钢梁，防止因倾斜度过大导致钢柱角度发生变化，影响安装精度。钢柱吊装到位后，通过柱顶两个侧面上的控制点（一般设在距柱顶端铣面250mm的中心线上），采用2台全站仪对其三维坐标进行观测，确保控制点坐标与设计坐标一致时临时固定，然后进行焊接。

3）测量难度大

采用"内控传递法"的总体测量思路，遵循"由整体到局部"的测量原则；设置主楼、地下室两个轴网，主楼轴网为非对称轴网；高空对钢柱、钢梁的测量都需要根据具体的钢结构截面型式和就位需求来进行标识和测量。

4）组合节点施工难度大

钢柱与混凝土组合结构节点多，为保证结构之间可靠连接，在施工前根据设计蓝图进行深化设计，在钢柱上加设钢筋连接器和钢牛腿，钢筋连接器由工厂进行焊接。

5）地脚螺栓定位难度大

钢结构与土建协调配合，控制地脚螺栓就位精度，底板浇筑前复测地脚螺栓位置，并在底板浇筑过程中实时测量控制螺栓位置偏差。

7. 应用顶升混凝土技术

泵送顶升法施工工艺是利用混凝土输送泵的泵送压力将自密实混凝土由钢管柱底部灌入，从下向上流动，直至注满整根钢管柱的一种混凝土免振捣施工方法。与钢结构施工不交叉、不互相影响，可以有效保证具有复杂内部结构的钢管混凝土密实度。

钢管柱按照每三层一节进行加工安装（首节系二层为一节），在每节钢柱的根部预留一个混凝土顶升孔，当钢柱和钢梁安装完成后，将泵管直接与预留孔连接，通过高压地泵将混凝土从每节钢柱底泵入钢柱，混凝土顶升高度至上一个顶升口下部400mm处。待该节钢管柱内混凝土顶升完成后，将浇筑孔封堵，卸去泵管，依次进行下一根钢柱的顶升。

顶升技术的难点及控制重点如下：

1）地上结构采用钢结构与混凝土组合结构形式，施工需要钢结构专业与土建专业的密切配合，这种配合不仅仅是两个专业施工队伍现场作业时的相互配合，它贯穿了整个结构施工策划、组织和实施的全过程。

2）钢管柱内混凝土强度最高等级为C60，属高强混凝土，底层每层浇筑方量约为110m³，随着主楼高度上升，钢管柱截面减小，混凝土浇筑方量减小，混凝土的最大顶升高度为179.67m，属于超高层混凝土施工，应确定合适的混凝土配比，保证顶升混凝土性能，包括混凝土自密实性、流动性、可泵性、低收缩性和较低的流动性损失率，在保证混凝土强度的同时保证混凝土扩展度和坍落度，是顶升混凝土施工的重点和难点。

3）钢管混凝土柱现场实际浇筑应熟练、连续，要求平均每节柱（3层）顶升控制在15min左右，转接泵管控制在25min以内。

4）随着主楼高度上升，钢管柱截面减小，结构内收，上层柱与下层柱在连接点处弯折，如何保证混凝土的顶升施工质量，如何确定顶升工艺也是整个工程的重点和难点。

8. 幕墙工程技术管理要求高

1）现场实施1:1样板，解决复杂节点构造及施工工艺难题。T3主楼工程幕墙外部主要为铝板和玻璃，铝板高度呈600～1200mm渐变，通过律动的线条，表达流畅的造型特色，铝板采用开缝系统，为完善曲面铝板安装工艺、退台屋面防水节点等，建设单位会同设计单位、监理单位、总包单位、幕墙分包单位进行反复讨论，进行 1：1 实体样板施工，验证各工序实施的可行性并改进设计方案。

2）测量定位次数多、工序繁杂、工作量很大。埋板、平台龙骨、吊顶龙骨多次测量；挑檐边缘处测量作业面小，需建立多次参考坐标点；测量时需大量布设坐标控制网，以保证精确到位，并记录测量结果；测量工序衔接紧密，为保证幕墙玻璃封闭，土建结构需要提前完成测量定位工作。

3）铝板轮廓线为不规则无规律状，定位控制复杂。鱼尾弧形部位铝板平台结构挑板距离较大，平台铝板大多由两块或多块构成；侧挂铝板多为自由曲线的弧形，铝板可展开摊平，为单曲铝板；侧挂铝板与水平面倾角变化较大；平台铝板、侧挂铝板、吊顶铝板的纵缝在水平面的投影有错位现象。在工程中保证侧挂铝板表面距离挂座中心的距离不变，并找准每个挂座的定位点，挂座的进出及左右定位，完全依照模型，从模型中导出每个挂座的定位坐标，用全站仪放线，平台、吊顶横向钢龙骨均平行于铝板面，成斜坡布置（保证铝板面距离龙骨完成面距离为定值 100mm），便于铝板安装定位，定位示意见图 1-16。

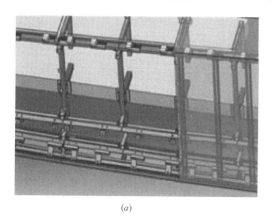 

(a)   (b)

图 1-16　铝板安装定位图

（a）铝板安装定位；（b）铝板挂座定位示意图

1.1.6　工程管理的实施情况

建设单位组织订立了多项管理制度，包括：深化设计管理（钢结构、机电、幕墙、土建）、工程样板管理、工程材料管理、工程会议管理、施工现场扬尘管理、BIM 实施规划等，监理单位编制了监理规划、安全监理方案、绿色文明施工监理方案、监理细则等三十余项管理性文件，实施质量、安全联合检查二百余次，召开工程会议近二百次，发出并落实监理通知约一百五十项。在工程建设中，有效地运用信息化管理手段，实施一体化、精细化的管理，取得了明显的成效，具体如下。

1．质量安全方面

总包单位在工程伊始确定了质量目标"确保结构、建筑长城杯金奖，创国家优质工程奖"，通过"目标管理、精品策划、过程监控、阶段考核、持续改进"的过程质量管理，对每一个阶段内容进行细化、分解，分包单位的合同均明确了创奖的要求，并制定了奖惩措施。

望京 SOHO—T3 项目经历 944 日历天的建设，期间无重大安全、质量事故，现已获得全国钢结构金奖、测绘科技进步奖、全国优秀焊接工程、北京市建筑长城杯金奖、北京市"绿色施工文明安全样板工地"、AAA级安全文明标准化工地等多项奖励，已通过LEED-CS2.0金级认证。

2. 进度管理方面

1）推行全过程计划管理。确定项目总控计划，辅以各专业专项计划、产品招标采购和进场计划、方案编制和报审计划、材料封样计划、样板施工计划、施工深化图出图计划、机房交安计划、月进度计划以及周施工计划等。

2）有效实施计划跟踪和纠偏。采取每周跟进方法来检查、跟踪计划执行情况，发现问题及时预警和纠偏，根据计划系统地组织设计、深化、招标采购、供货、施工等各个环节的工作。

3）对关键节点倒排保障。工期紧张时，为了满足总控时间节点能够按期完成，总包单位及其他专业分包单位需要编制节点倒排计划。倒排计划初版完成后建设单位、监理单位和各相关施工单位召开协调讨论会，逐项讨论确定完成时间，并确定各节点计划执行责任单位。

3. 材料设备管理方面

望京SOHO工程实行严格的材料设备封样制度，由总包单位编制封样计划，先后进行材料设备认证封样共计九大类、539种。规定的材料、设备都要经过封样确认后，方可在现场投入使用。专门设立样品封样间，所有样品存放此处，监理单位负责整理、登记。在整个施工工期内，监理单位监督现场使用的材料设备是否与封样的有差别，防止发生偷工减料行为。

4. 施工样板管理方面

通过施工样板管理制度，及早发现和解决施工过程中较易出现的问题，并作为大面积施工的工艺和质量的实物标准。由建设单位、总包单位、监理单位及专业人员共同组织检查验收。现场所有施工均应遵循施工样板制度管理，严格按照经审批的施工样板实施，先后实施样板共计六大类、125项次。

5. 工程变更管理方面

工程设计事宜由设计单位、建设单位设计部、建设单位项目部、监理单位、总包单位共同参与管理，设计变更和工程洽商有着明确的管理办法，各单位严格执行管理办法，按时参加每周设计例会，根据例会决议跟踪变更的审批和执行进展，先后审批、实施500多项工程变更文件及200多项工程洽商文件。

6. 渗漏水管理方面

借鉴其他项目后期渗漏水维修的经验，望京SOHO着力在工程交工前治理已发现的渗漏点，建设单位组织编制望京SOHO渗漏水跟踪管理办法，监理单位、总包单位负责检查并跟踪处理渗漏点，先后共约200余项次。

1.2 超高层建筑工程管理难点

超高层建筑的设计、施工受到"建筑高度"这一特征的显著影响，主要的设计难点包括：结构体系优化、垂直交通系统、供电安全可靠性、消防及防灾性能、机电系统功能、烟囱效应，其中结构设计方面，需要重视和解决层间位移与无害位移、风振舒适度控制、弹塑性变形验算、横向风荷载影响、施工过程影响等。国内超高层结构体系大多采用钢—混凝土混合结构，单位建筑面积的结构材料用量大，材料规格超出常规，高性能高强混凝土及高强钢材成为常规材料，抗侧力结构构件巨型化、空间化、复杂化等，超高层建筑结构体系的复杂性使施工技术高难及工程管理复杂成为必然。

通过分析对比，与望京 SOHO—T3 项目类似或难度更大的超高层建筑均有以下共同的重点工作：

(1) 根据设计单位的经验，按国内规范，建筑高度 150m 是结构设计的一个敏感高度，建筑高度超过 200m 时，每增加 100m 都会对结构体系等产生较大的影响。在设计阶段需要对关键技术进行测试、研究、论证等，对非常规构件进行模拟实验，在解决无可参考案例的技术问题时，需要通过顾问、专家以及各参建单位的技术支持，结合实际施工等因素，经过反复深化、试验、优化等，逐一解决工程设计难题。

天津环球金融中心项目，进行了风洞试验、钢板剪力墙拟静力试验、连接节点试验等，完成了多项分析、优化工作；天津高银 117 大厦项目，进行了两种结构模型的风洞试验、地震振动台试验、多腔体钢管混凝土巨柱试验、巨柱截面组装焊缝性能试验、巨柱抗火性能试验、巨柱-巨撑-环带桁架连接节点试验、超长防屈曲支撑试验等，完成了多项分析、优化工作。

(2) 根据监理单位的经验，建筑高度 200m 是影响结构主要施工方法、大型机械配备等的一个敏感高度。在超高层建筑项目施工阶段，要面对新技术、新工艺，包括许多创新性技术，要采取施工、科研、应用相互结合的方法，组织关键技术攻关，针对重大方案及施工难点，制订技术课题为工程施工服务。

天津津门项目，完成创新技术课题七项，其他新技术 8 项，获得多项专利及科技奖；北京绿地中心项目，专门制订了超高层工程的研究课题，包括 23 个子课题，其中 15 项为科技创新子课题，8 个为高新技术应用子课题，获得多项专利及科技奖；望京 SOHO—T3 项目完成技术课题九大项、省部级工法 3 项，获得 10 项专利；天津环球金融中心项目，完成六大项关键技术课题，共 22 个子项，获得多项专利及科技奖。

(3) 超高层建筑的项目工程管理十分重要，必须建立并实施高效的管理制度，充分运用信息手段，将各参建单位凝聚成一个整体；工程管理应有高标准和前瞻性，并充分借助顾问、专家团队的支持；工程管理中重视细节管理，重视问题的发现及改进；工程管理中重视风险控制和关键线路控制，工程管理应为工程项目的顺利有序开展铺平道路。

在超高层建筑工程管理中面临的具体工作包括：设计及深化设计管理、工程计划管理、材料设备供应管理、专业配合及协调、品质与功能控制、场地布置与垂直运输管理、安全文明施工管理等。本书的后续章节中，将对以上管理工作的实施情况进行介绍和分析。

附录 A 中收集整理了部分超高层建筑的工程资料，供参考对比。

第2章 信息化管理

建筑业信息化通过运用计算机技术、网络技术、通信技术、控制技术、系统集成技术和信息安全技术等,可以有效改进和提升建筑业技术手段和生产组织方式,在我国应用发展三十年,已涵盖了个人、部门、企业及联盟体等各层级。

2011年5月,住房城乡建设部发布了《2011~2015建筑业信息化发展纲要》,提出总体目标是:"十二五"期间,基本实现建筑企业信息系统的普及应用,加快建筑信息模型(BIM)、基于网络的协同工作等新技术在工程中的应用,推动信息化标准建设,促进具有自主知识产权软件的产业化,形成一批信息技术应用达到国际先进水平的建筑企业,并对企业信息化建设、专项信息技术应用、信息化标准方面提出了具体目标。

超高层写字楼工程管理涉及多专业、多企业、多过程,区别于传统总包—分包及设计—施工的分工模式,多采取"设计—采购—施工"复合模式,实施信息化管理依托于建设单位、设计单位、施工单位、监理单位等组成的联盟体,可以优化工程管理能力、提高工程管理效率。

在参建的多项超高层建筑项目中,信息化呈现出明显的差异性及多样性,建设单位已将发动并实施信息化管理作为基础性工作,多个超高层建筑项目系统地制订了信息化管理的规划或管理方案,从单一地运用信息技术走向工程管理信息化。北京望京SOHO—T3项目建设中,建设单位投入资金、制订规划,发动并实施信息化管理,各参建单位积极参与配合,取得了明显实效。

本章结合超高层写字楼工程中BIM应用、项目信息平台建设与应用、监理单位项目信息管理等实践,介绍并分析工程管理信息化中的关键内容,期望能使读者有更为深切的感受。

2.1 BIM 技术的应用

现代大型建设项目投资规模大、建设周期长、参建单位众多、项目功能要求高以及全寿命周期信息量大，建设项目设计以及工程管理工作极具复杂性，传统的信息沟通和管理方式已远远不能满足要求。

完整的建筑信息模型，是对工程对象的全面描述，能够连接建筑项目设计、施工和运营维护等阶段的数据、过程和资源，可被建设项目各参与方普遍使用。BIM 技术通过三维的共同工作平台以及三维的信息传递方式，可以为实现设计、施工一体化提供良好的技术平台和解决思路，解决建设工程领域目前存在的协调性差、整体性不强等问题。

我国积极推动建筑企业加快 BIM 技术在工程项目中的应用，国家鼓励企业运用 BIM 的主要范畴如下：

（1）在冲突分析方面，鼓励运用 BIM 技术，更有效地发现工程潜在的差异和冲突，以提高监测分析水准。

（2）就信息管理应用而言，加快推广 BIM，如把其用于虚拟实境和 4D 项目管理，希望借此提升企业的生产效率和管理水准。

（3）在设计阶段，运用 BIM 的 3D 技术来实现设计整体可视化。

（4）在施工阶段应用 BIM 技术，以降低信息传送过程中可能出现的错误。

2011 年共有 39％的单位表示已经使用了 BIM 相关软件，2012 年 1 月，住建部"关于2012 年工程建设标准规范制定修订计划的通知"中包括五项 BIM 相关标准：《建筑工程信息模型应用统一标准》、《建筑工程信息模型存储标准》、《建筑工程设计信息模型交付标准》、《建筑工程设计信息模型分类和编码标准》、《制造工业工程设计信息模型应用标准》。

诸多大型房产商也在积极探索应用 BIM，SOHO 董事长潘石屹先生将 BIM 作为未来三大核心竞争力之一。在超高层写字楼项目中，能否掌握并有效运用 BIM 技术已经成为参与项目的门槛。

2.1.1 望京 SOHO 项目 BIM 应用情况

望京 SOHO 工程整体造型独特、结构复杂，非标异型构件众多，且作为超高层建筑工序多，施工难度大，对各专业间的协调要求较高，在工程项目上运用 BIM 技术不仅有效地解决了复杂的技术问题，对工程管理效率有明显的促进。

1. BIM 技术的应用范围及组织

为了实现望京 SOHO 项目工程质量事前、事中、事后控制，提高项目整体工程管理水平和工程质量，达到全面质量管理，建设单位从项目筹建起就把 BIM 技术作为项目建设的重要管理手段，从 BIM 的管理思路、团队构架、工作流程、工作平台、项目管理及最终模型等几个方面入手，编制具体的《BIM 实施规划》指导实施，进行流程管理，以通过 BIM 标准提高项目的设计质量、缩短设计周期及节约成本。BIM 技术在以下几个方面展开应用：

（1）施工图纸二次深化设计建模及碰撞测试；

（2）施工组织模拟及方案论证；

（3）施工部署；

（4）数字化建造及验收。

由建设单位聘用专业的建模单位完成，其他参建单位配合深化出图和审核图纸。专业建模单位项目架构如图2-1所示。

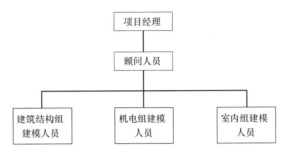

图2-1　BIM专业建模项目架构

BIM建模工作除了建模单位作为主体单位外，还包括参加项目建设的所有相关单位，BIM建模实施的组织框架如图2-2所示。

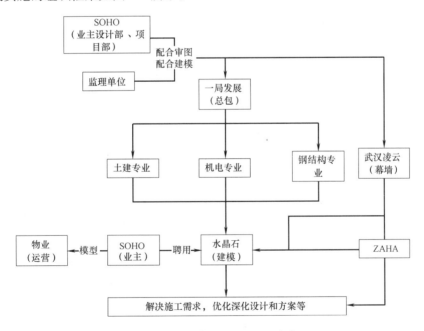

图2-2　BIM建模实施的组织框架

设计单位完成一次施工图设计后，由BIM专业建模单位"水晶石"公司完成所有施工图纸相应的建模工作，包括建筑结构、机电，还包括后期由专业设计单位完成设计的室内精装、园林景观等，并配合建筑师ZAHA和幕墙分包单位进行合模和碰撞检测工作。幕墙的建模工作主要由建筑师ZAHA和幕墙分包单位完成。

所有二次深化设计图纸都需要建模，并完成相应的碰撞测试和调整工作。建设单位设计部组织"水晶石"公司和设计单位配合进行的施工图深化设计工作，包括建筑、结构、机电等专业；随着机电分包及其他专业分包进场，将由各专业分包开展相关专业施工图的二次深化设计,"水晶石"完成相应的建模、碰撞测试和调整工作。

2. BIM实施计划的管理

以机电工程深化及建模计划为例,具体工作程序是由施工单位对自己所承担工程的图纸进行二次深化设计,通过监理单位、机电顾问、建设单位项目部及设计部审核后,由"水晶石"公司建模,做碰撞测试,提交碰撞报告。施工单位针对碰撞点进行调整,直至实现零碰撞,最后出具经各方签字确认的二次深化施工图,现场开展相应范围的施工。工作流程如图2-3所示。

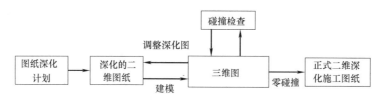

图2-3　机电深化设计工作流程图

在实施前,编制深化设计计划,落实深化设计及BIM建模工作的时间节点。机电深化及建模包括管线综合、预留预埋、末端综合以及机房和竖井机电深化设计等,表2-1为F3层及F6层末端综合及建模的计划和跟踪情况,自提交精装修机电末端调整图至最终版施工图确认,共计4.5个月。

末端综合及建模的计划和跟踪情况　　表2-1

序号	名称	图幅数量	图号	计划/实际	开始时间	提交精装机电末端调整图(含风机盘管调整)(3)	精装及设备专业回复意见时间(3)	总包电子版及纸版预审(9)	预审图确认是否建模意见(1~3)	总包电子版建模图送审(2)	各方审核意见(4~5)	水晶石建模及全专业模型合成+全专业碰撞报告(9)	总包现场消化碰撞报告及审图意见(5+1)	水晶石模型调整及全专业模型合成时间(2)	总包第二次送审时间(3)	甲方最终综合图发图(精装末端定位施工图)(3)
1	F3机电末端综合图	A0/3	CSD-F3	计划时间	12.11.15	12.11.29	12.12.4	12.12.14	13.2.1	13.2.4	13.2.20	13.2.26	13.2.28	13.3.4	13.3.7	13.4.1
				实际时间	12.11.15	12.11.29	12.12.10	12.1.29		13.2.4	13.3.5	13.3.15		13.3.21	13.3.27	13.4.1
2	F6机电末端综合图	A0/2	CSD-F6	计划时间	12.12.16	12.12.18	12.12.21	13.1.11	13.1.14		13.2.25	13.3.5		13.3.8		13.4.1
				实际时间	12.12.16	12.12.18	12.12.21	13.1.29		13.2.4	13.3.14	13.3.22		13.3.24	13.3.27	13.4.1

3. BIM应用的效果

1)通过建模碰撞测试能有效发现并解决专业内部及不同专业间图纸深化过程中的问题,可以提高深化图纸的质量,减少由于施工图纸问题造成的拆改返工,从而实现施工质量管理过程的事前控制。实现过程如图2-4所示。

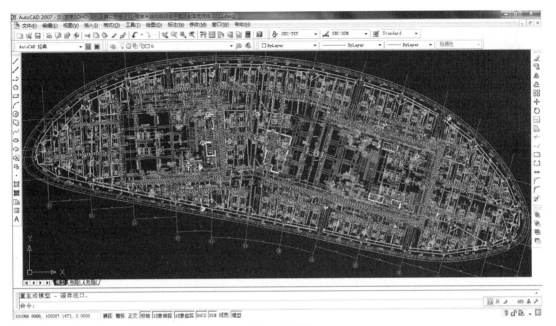

第一步：形成二维深化图

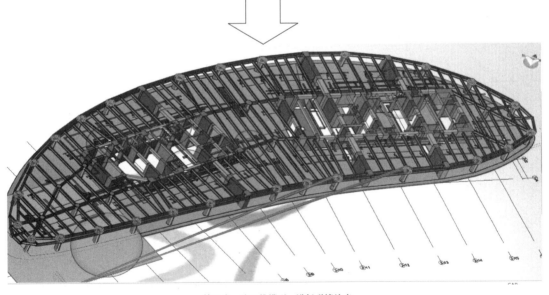

第二步：建三维模型，进行碰撞检查

图 2-4　碰撞测试流程

T3 暖通专业与土建专业碰撞清单						
碰撞检查对象	编号	楼层	轴线位置	碰撞系统A	碰撞系统B	碰撞问题严重性分级
暖通与结构碰撞	L45_01	L45	3-A, 3-10	送风管	防火门	B
	L45_02		3-B, 3-10	水泵	结构墙	B
	L45_03		3-C, 3-12	送风管	防火门	B
	L45_04		3-A, 3-12	排烟管	防火门	B
	L45_05		3-C, 3-12	冷冻水管	结构柱	B
	L45_06		3-B, 3-4	水泵供水干管	结构柱	B
	L45_07		3-C, 3-9	冷却水供回水干管	结构柱	B
	L45_08		3-A, 3-8	板换供回水干管	结构柱	B
	L45_09		3-B, 3-13	排烟风机	结构柱	B
	L45_10		3-B, 3-14	排风管	结构柱	B
	L45_11		3-A, 3-12	排烟管	结构柱	B

第三步：形成碰撞清单

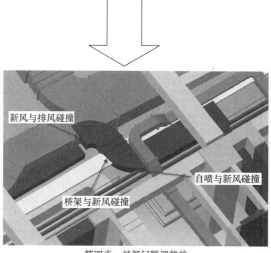

第四步：局部问题调整前

图 2-4 碰撞测试流程（续）

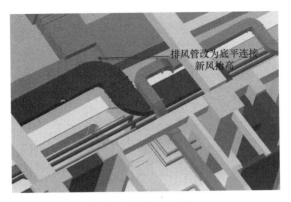

第五步：局部问题调整后

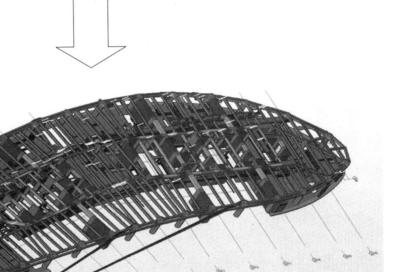

第六步：最终零碰撞三维模型

图 2-4 碰撞测试流程（续）

2）模拟施工方案

利用 BIM 模型，可以在计算机平台实现整个施工过程全周期模拟，通过建设过程模拟、实现人、机、料的合理部署，调整工程流水段的划分和工序工艺安排，优化施工组织等。

望京 SOHO—T3 项目主要对一些重要的施工方案或采用新施工工艺的关键部位等，进行施工模拟和分析，优化施工方案及工艺、工序，提高方案的可行性。通过 BIM 模型对施工方案及工艺、工序的模拟，能够非常直观地了解整个施工环节的时间节点和工序安排，并清晰地把握施工中的难点和要点，提高施工效率和施工质量，实现事前控制。

图 2-5 为塔吊方案的建模，图 2-6 为屋顶钢结构安装的模拟，通过模拟保证了安装方

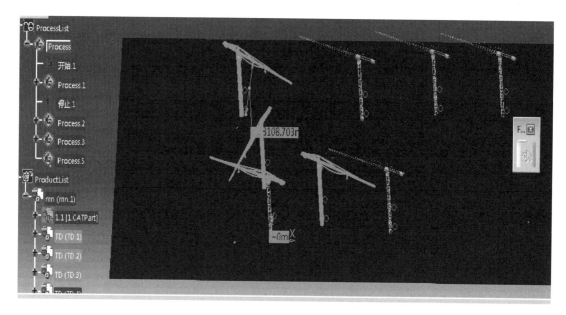

图 2-5　塔吊施工方案建模模拟

图 2-6　屋顶钢结构安装模拟

案的可行性。

3）复杂构件的数字化加工

钢结构深化设计时，建立 1：1 的钢结构 Tekla 深化模型，装配了所有连接节点，解决复杂异型钢结构节点设计。通过模型直接生成钢结构加工图、零件图、施工图以及材料清单。

鱼尾变曲率相贯斜柱是本工程施工的难点，梁柱节点处有多道不同角度的牛腿，整体为不规则的空间结构，在三维模型中对各构建节点进行深化，加工时根据空间定位尺寸进行下料和拼装，解决了该类构件的加工难度。相贯斜柱三维建模及加工情况见图 2-7。

本工程屋面采用钢管桁架，为空间双曲结构，传统的二维图纸不能准确地表达设计要求，且设计对钢结构及弧形幕墙的精确度要求高，从结构设计到建筑设计，再到钢结构深化和幕墙深化设计都使三维模型的传递得以实现，屋面钢结构三维模型见图 2-8。

4）数字化施工及验收

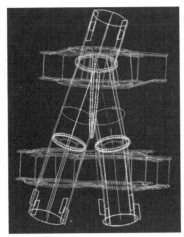

图 2-7　相贯斜柱建模及加工情况

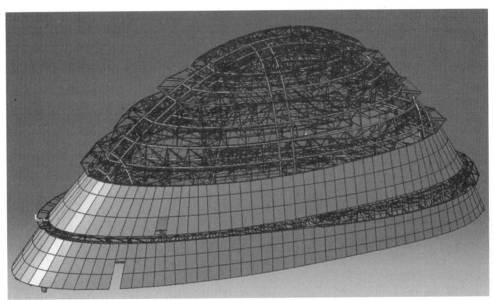

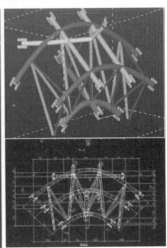

图 2-8　屋面钢结构三维模型

在复杂幕墙施工中，利用 BIM 模型各项数据信息，以设计单位提供的幕墙外墙皮为基础，直接构建包括埋件、龙骨、铝板、玻璃单元、连接件等幕墙三维精细模型（图 2-9）。在施工中实现对幕墙复杂构件的快速放样（图 2-10），将模型应用到现场放线控制中去，保证施工质量和进度要求。

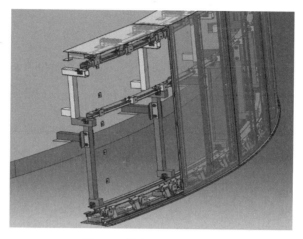

图 2-9　幕墙三维精细模型

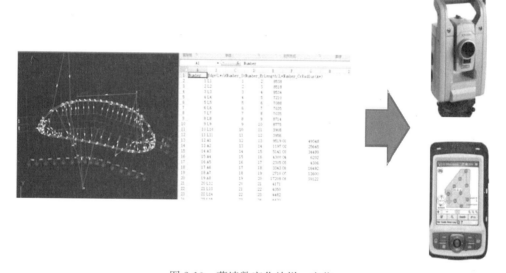

图 2-10　幕墙数字化放样、定位

用 BIM 生成铝板、龙骨、玻璃单元等材料加工图、施工图，再将模型输入机床，实现曲面铝板的数字化加工。铝板加工数字化图纸见图 2-11。

幕墙龙骨均根据生成的加工图，在加工厂加工定型，直接现场安装，大大降低材料的损耗，提高劳动效率，确保安装质量。龙骨钢架加工数字化图及现场安装情况见图 2-12。

通过模型与现场实物扫描，可以局部实现数字化验收，取得复杂幕墙施工质量的实际数据。

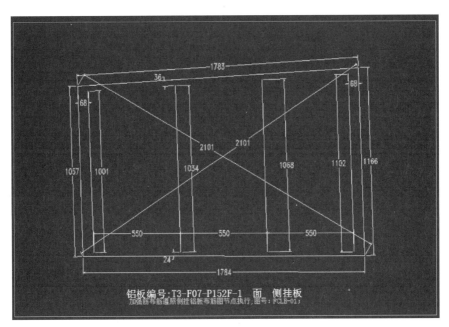

图 2-11　铝板加工数字化图纸

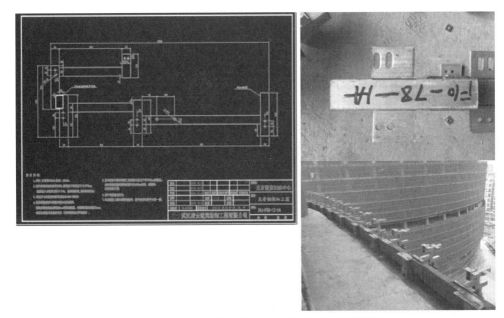

图 2-12　龙骨钢架数字化加工图及现场安装情况

5）施工交底

运用 BIM 模型做技术交底和施工布置，可以直观地传达各项设计信息，对复杂的施工部位采取逐层分解，演示安装过程。对于提高参施人员对施工图纸的理解和施工技术水平都有很大的帮助。

4．BIM 应用总结

本项目部分使用了 BIM 技术，部分参建单位及人员为首次接触，但已获得了巨大的效益，BIM 技术在望京 SOHO—T3 项目上的应用只是 BIM 平台应用发展的冰山一角，近年来，上海中心大厦、广州东塔、上海外滩 SOHO 等超高层建筑在 BIM 技术应用方面也取得了巨大的成果。随着 BIM 技术在模型维护、场地分析、建筑策划、方案论证、可视化设计、协同设计、性能化分析、工程量统计、管线综合、施工进度模拟、施工组织模拟、数字化建造、物料跟踪、施工现场配合、竣工模型交付、维护计划、资产管理、空间管理、建筑系统分析、灾害应急模拟等方面更加广泛地应用，其未来发展空间十分广阔，将给工程管理带来革命性的进步。

2.1.2 某 400m 超高层写字楼项目 BIM 工作规划

系统化地应用 BIM 实施项目管理目前还不广泛，相应的标准正在制订和完善。建设单位已认识到，成功的 BIM 项目实施前期，需要定制大量的标准和工作流程来指导 BIM 项目的顺利实施。北京某 400m 超高层写字楼项目实施前期，建设单位为有效地将 BIM 技术加入现有项目的开发流程，提高项目的设计质量、缩短工程周期、节约成本，制订了项目 BIM 实施的纲领性文件《项目 BIM 实施规划》，概括了项目成员在采用建筑信息模型（BIM）过程中不同阶段应承担的角色和职责，建立了建设单位及项目团队实施 BIM 项目的框架，要求项目全体成员充分领会并在项目管理的全过程中予以贯彻。

规划包括 BIM 管理思路、BIM 团队工作流程、BIM 团队管理架构、项目 BIM 工作平台、BIM 项目管理、BIM 模型涵盖内容等，各阶段的目标及设计阶段价值点见附录 B。

相比在项目管理中应用 BIM 技术，"BIM 项目"对工程管理的影响无疑更为深刻与广泛，其发展前景值得期待。

2.2　项目信息平台的应用

在工程管理工作中，开发建设单位都一直致力于建立完整、严密、适用的管理体系，随着项目的增多及项目的差异化增大，工程管理越来越复杂，企业更加难以有效掌控项目的进度、质量、设计、现场物料、文件资料等情况，保证工程管理的及时性也变得越来越困难，如何提高人员工作效率、合理使用移动终端和互联网，也成为管理的一个重要课题。

2.2.1 传统的工程项目信息管理方式

首先，回顾北京 2001 年开工建设的一个项目的信息管理情况，该项目位于北京东单地区，为群体建筑，建筑面积超过 25 万 m^2，按甲级写字楼标准设计施工。该项目由监理单位协助建设单位制订了工程管理规定，并与施工总包单位协商后完善，在工程实施中得到了各方共同遵守和有效执行，以下引用该项目管理规定的部分内容。

为更好地实现某国际中心项目的进度、质量和投资控制等目标，确保项目施工管理工作的规范化、程序化、制度化，根据国家有关工程管理的规范、规程、规定及北京市地方标准《工程建设监理规程》（DBJ01-41-2002）、《建设安装工程资料管理规程》（DBJ01-51-2000）、监理公司及总承包公司对本工程的管理规定，并结合与总包、分包、监理等有关单位签订的合同内容，综合考虑本工程特点，制订本规定，覆盖了该项目工程管理日常运作中的九个主要方面，内容包括：

1. 总则

1.1　目的

1.2 适用范围

1.3 名词解释

1.4 解释、修改和补充

2. 工地日常工作

2.1 工程报表

2.2 工地会议

3. 进度管理

3.1 进度计划的编制与修订

3.2 进度计划的报批

3.3 进度计划的执行与监督

3.4 工程的延期管理

4. 质量管理

4.1 设备材料的报批报验

4.2 施工技术文件的编制和报批

4.3 深化设计图纸的绘制和报批

4.4 样板工程

4.5 工程验收

4.6 质量问题/事故的处理

5. 人员和劳动力管理

5.1 管理人员

5.2 分包队伍的资格审查

6. 投资控制

6.1 月完成工程量及月进度工程款

6.2 工程变更及洽商管理

6.3 工程竣工结算

7. 安全施工管理

8. 文明施工管理

9. 施工资料管理

附件一：施工管理基本流程图（略）

附件二：常用表格（略）

为便于实际工作，该工程管理规定中制订了十四个项目管理基本流程及二十一个常用表格。

管理基本流程包括：

流程 1：分包单位资格审查基本程序

流程 2：工程技术报审基本程序

流程 3：样板工程施工及验收程序

流程 4：工程物资进场基本程序

流程 5：分部分项工程报验程序

流程 6：单位工程验收基本程序

流程 7：质量问题处理程序

流程 8：工程进度控制基本程序

流程 9：工程延期管理的基本程序

流程 10：乙供物资选样基本程序

流程 11：乙供物资认价基本程序

流程 12：月工程量计量及工程款支付流程

流程 13：设计变更、洽商管理基本程序

流程 14：工程竣工结算基本程序

常用表格包括：

(1) 分包单位资格报审表

(2) 工程技术文件报审表

(3) 工程物资进场报验表

(4) 设备开箱检查记录

(5) 材料、配件检查记录

(6) 设备及管道附件试验记录

(7) 不合格项处置记录表

(8) 分部、分项工程施工报验表

(9) 单位工程施工报验表

(10) 竣工移交证书

(11) 质量问题确认单

(12) 施工进度计划报审表

(13) 工程延期申请表

(14) 工程延期审批表

(15) 月完成工程形象进度确认单

(16) 月工程进度款报审表

(17) 工程款支付证书

(18) 乙供物资备案登记表

(19) 施工现状及返工情况确认单

(20) 设计变更、洽商费用报审表

(21) 文件呈审表

以上部分流程及表格见附录 C。

该项目的工程管理规定在项目实施阶段发挥了明显的作用，其中的信息管理方式虽然是"人工的、表格的"传统模式，但已实现流程化、标准化、时限化，保证了工程管理的规范、严密和有效，很多大型复杂项目都已采取了类似的管理模式，为工程管理信息化奠定了基础。

2.2.2 互联时代的工程信息管理方式

十余年来，超高层建筑项目在工程管理信息化方面不断发展，与传统建设项目的信息管理、信息交流和沟通方式相比，已有了质的飞跃，其中的标志性发展是项目信息门户——PIP（Project Information Portal）的成熟和运用，即在对建设项目实施全过程中项目参与各方产生的信息和知识进行集中式管理的基础上，为建设项目的参与各方在互联网平台上提供一个获取个性化项目信息的单一入口，从而为建设项目的参与各方提供一个高效的信息交流和协同工作的环境，其特点包括：

1）以建设项目为中心对建设项目信息进行集中存储与管理，通过信息的集中管理和门户设置为项目参与各方提供一个开放、协同、个性化的信息沟通环境。

2）信息的集中存储改变了建设项目组织中信息交流和沟通的方式。

3）提高了信息的可获取性和可重复性。

4）改变了建设项目信息的获取和利用方式。

5）传统的建设项目管理信息系统的用户只能是一个工程参与单位，而基于互联网的项目信息门户的用户是建设项目的所有参与单位。

2.2.3 SOHO（中国）的项目协同平台

北京望京SOHO—T3项目协同平台，是超高层写字楼项目工程管理中应用PIP的典型代表。

1. 项目协同平台的基本情况

SOHO（中国）与专业公司合作，运用房地产行业项目管理解决方案搭建"工程协同平台"，构建跨区域、分布式的多项目管理平台，涵盖企业的业务操作层、管理层、决策层三个不同层次的实际需求，满足单项目管理、多项目管理、项目组合管理及企业集约化经营的要求，对公司旗下所有项目的管理业务进行有效管理，以项目管理知识体系为主导思想，以成熟的IT技术为手段，将现代项目管理理论、国内项目管理规程与习惯、项目管理专家的智慧、P3系列软件等集成到一起，通过专业管理＋平台＋门户的模式，实现长期以来渴望的"以计划为基准，衍生出职能部门配合计划，达到将各项业务以计划形成串联的目的"，同时形成了一个包含建设单位、监理单位、施工单位、供应商等不同用户的工作协同平台。

协同平台开始构建和构建成型时，SOHO即组织参建、使用单位人员参与会议，进行平台需要实现的功能讨论和平台操作及使用认识，讨论时提出平台开发以如下几方面为前提。

1）将项目的组织结构、工作流程、管理规则、数据分析与系统功能相结合，实现管理要素功能化；

2）将施工及管理组织机构建立在协同管理平台上，按照项目机构组织权限划分平台系统功能，实现项目管理信息协同工作；

3）系统应用网络化，基于互联网的系统应用，方便地实现集中管理、异地管理及移动办公。

协同平台主要解决如下一些问题：

1）统一工程管理方式，促使员工对工程管理业务的标准化认识；

2）实现多级计划管理，包括一二级计划、总控计划、专业计划，实现计划的全过程管理；

3）完成质量巡检管理（监理、项目部、设计部）、质量联检管理、质量阶段验收、物业质量管理、外部审查等，实现移动终端实时巡检；

4）实现甲供物资合同管理、封样管理、到货监控、提量出库，乙供物资的封样管理等；

5）会议协同管理：实现会议室管理、分子公司管理例会、工程例会、监理例会、预算商务例会等管理；

6）完成变更管理的协同运作，在平台上实现设计提问、设计变更、工程洽商、业主通知、变更监控等流程。

项目协同平台的主界面见图 2-13。

图 2-13　SOHO 协同平台主界面

项目协同平台基本架构见图 2-14，使用中进入相应的模块查看和编辑模块下的内容。

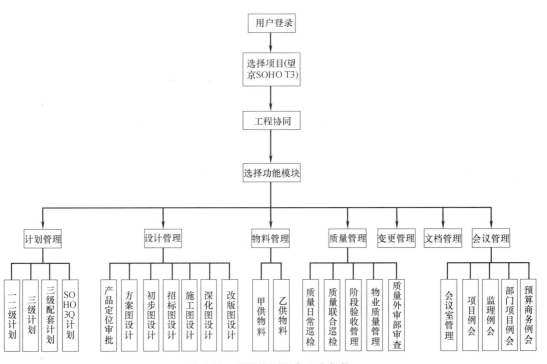

图 2-14　项目协同平台基本架构

2. 协同平台的使用

SOHO中国协同平台是多级项目管理系统，数据按层级分企业级、项目级、标段级，各管理模块开放适用人员不一。如：计划管理模块公司级领导可以查看到所有项目的计划，参与项目管理的公司级人员可以查看到其所参与管理的各项目一二级计划等，项目级管理人员可以查看到其所在项目的一二级计划；质量、物料管理模块使用人员为企业内部项目质量管理人员、项目施工单位质量管理人员、监理单位质量管理人员；会议管理模块使用人员为例会参与及管理人员，在平台应用中各主要单位工作及职责见表2-2。

各主要单位参与使用协同平台情况表　　　　　　　　　　表2-2

功能模块	建设单位	设计单位	施工单位	监理单位
计划管理	一、二、三级计划建设单位各部门与涉及的单位沟通确定并将计划上传供阅览，执行	配合建设单位做好设计相关的计划	编制计划及配套计划	参与三级配套计划相关工作的审核，督促计划实施
设计管理	产品定位、方案抉择等，在平台上发布相应的设计图纸	方案图纸设计，提供设计单位图纸	图纸深化，提出设计图纸问题等	图纸审核、提出建议等
物料管理	甲供料组织，将封样、材料计划等上传平台，对进场材料跟踪	审核材料	乙供料组织，材料计划发布等	审核材料、与相关单位组织材料进场等
质量管理	全面管理控制	巡查监控质量	全面的施工质量控制，对平台上管理单位提出问题进行回复	现场全面质量把控，平台上提出质量问题，限期由施工单位整改
变更管理	发布变化情况的通知	发布设计变更	提出设计问题，提出洽商等	提出问题，参与变更签认等
会议管理	发起会议、参与会议、上传会议纪要等	收到会议邀请，参加会议	收到会议邀请，参与会议、会议问题回复等	发起会议、参与会议、上传会议纪要等
文档管理（文件库）	查阅计划、设计、会议、变更文件等档案	查阅计划、设计、会议、变更文件等档案	查阅计划、设计、会议、变更文件等档案	查阅计划、设计、会议、变更文件等档案

协同平台中各功能模块中系统对任务进行跟踪，任务提出、整改回复或进入下一责任人员审批时，系统自动发出邮件提醒责任人员进入邮件收件箱查看处理问题。有手机应用提醒的人员，手机邮件应用提醒后，可查看提醒事项，然后使用电脑进入系统平台进行处理。

工程协同平台系统应用程序PowerOnHD在Appstore提供免费下载，但下载后不可使用，系统在不断更新和完善中，因版本较多，提交和审核周期较长，难以及时更新Appstore上应用，改由应用系统开发单位提供直接安装。

协同平台系统终端可在有网络和无网络条件使用两种模式。在有网络条件下，系统在终端的使用与PC端使用基本一样；无网络情况下，即离线模式下，仅可进行质量管理模块日常巡检以及内部竣工功能的使用，离线操作须在网络条件下将应用程序的数据库更新并下载离线包，系统即可在无网络情况下，在IPad终端进行工程协同平台的使用。

3. 监理单位在项目协同平台应用中的工作实践

对于项目协同平台系统各功能模块，工程监理单位在系统平台使用中主要应用的模块有质量管理，会议管理模块，其他功能模块主要是进行查阅和了解相关内容，一般不做管理操作。质量管理模块中包括五项功能，监理单位主要应用日常巡检、质量联合巡检、阶段验收管理模块。物业质量管理及质量外部审查由物业以及建设单位质量外审部人员录入，监理单位查阅相关信息，督促施工单位的整改工作。

1）质量管理模块的应用情况

（1）质量日常巡检

质量日常巡检包括监理单位、建设单位项目部及设计部的日常巡检。监理单位的日常

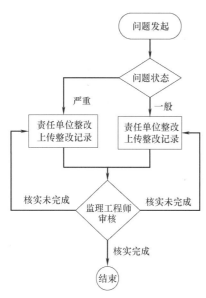

图 2-15　质量日常巡检工作流程图

巡检包括：随施工过程检查，那些达不到验收要求的工作；或已完成的施工，但被破坏需修理；达不到观感要求；以及各种与设计图纸不一致的问题等，以上都可发日常巡检问题。对于项目日常巡检（建设单位工程部的检查）和设计部日常巡检（建设单位设计部）所发问题，相关专业监理工程师需要督促和查验施工单位的整改情况，并参与审批工作，以完成闭合。监理工程师在监理日常巡检功能模块下录入问题时选择问题专业、所属责任施工单位、责任人员以及要求在限定的时间内完成整改工作，问题记录发出审阅后，平台自动将问题通过邮件告知责任方进行整改，而责任单位完成问题整改，上传整改记录单，待监理工程师确认现场整改，与责任单位完成的整改记录相吻合后，将问题审批通过，否则驳回要求重新进行整改和回复，最后实现质量监管的闭合，若长时间未能完成整改闭合，则可通过平台统计未完成情况，

则建设单位可能进行相应的处罚等，基本工作流程见图 2-15，操作界面见图 2-16。

（2）质量联合巡检

质量联合检查定期进行，由监理单位组织，建设单位、总包单位及各分包单位现场管理人员参加，对每周整体施工进行总结性的检查，问题包括不符合要求、达不到观感标准的施工，被破坏的设备或工作内容等。检查记录由设定的联检组长（监理单位）统一汇总发书面记录，上传平台同样由各专业监理工程师完成。

质量联检记录录入界面与巡检不一致，是需要将所有问题汇总到一次联检记录单内，其上传时有两个界面：①表单主界面：记录质量联检活动主要信息，包括：检查日期、联检责任人、组织人、参加人员、整改状态、录入人、录入日期。②子表界面页签：质量联检记录及各条问题。

设计质量联检是建设单位设计部组织施工单位进行的检查，由设计部人员进行问题上传，监理单位参与整改检查以及整改回复的审核工作。

（3）阶段验收管理

阶段验收是比较重大的施工检查阶段，阶段验收功能模块下有三部分。平台建立后，

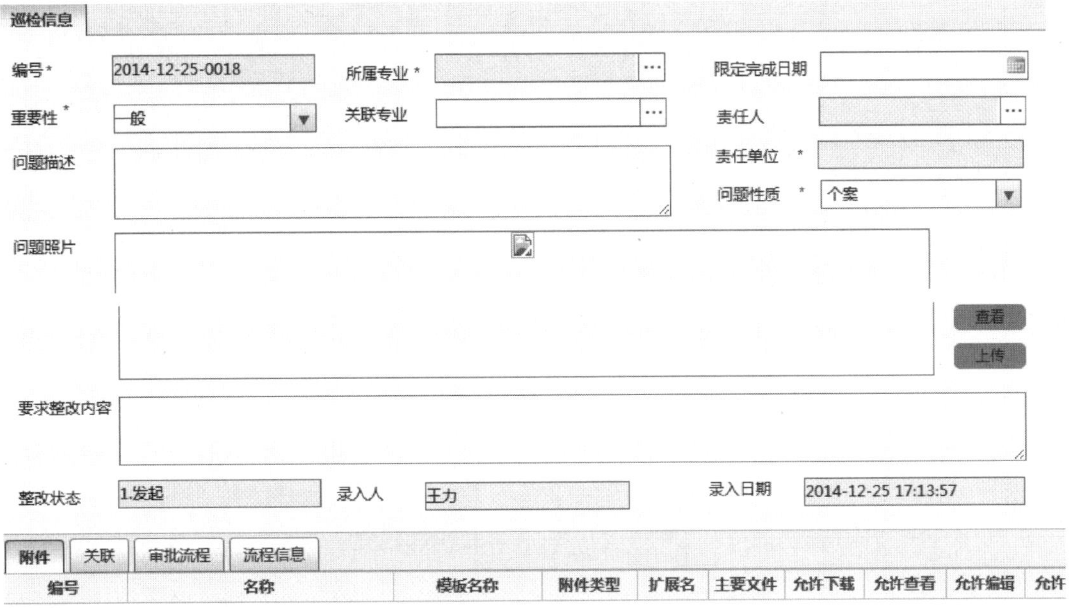

图 2-16 质量日常巡检查操作和显示界面

最关键的一次阶段验收是内部竣工验收，类似于住宅工程的质量分户验收，对每个房间、机房进行检查，望京 SOHO—T3 自 2014 年 7 月中旬到 7 月底完成第一轮检查工作，紧接进行复查工作，直到 8 月中旬，之后物业开始进入验收，内部竣工验收发现的问题由各检查人员进行平台上传，因问题较多，上传这些问题是一项耗时较长的工作，需经常加班来完成，共约上传 2000 条。

内部竣工验收之前，经日常巡检和联检的问题检查和销项，但项目大、工期短、内部验收时处理的问题仍然不少，虽然工作量巨大，但管理效果明显。

2）会议管理模块的应用情况

会议管理中的监理例会是监理单位每周例会需使用的管理模块，使用流程即开会的一个全过程：在会议前通知参会人员参会时间和会议室，在会议中提出和讨论上次会议内容和提出需要处理协调的问题并指定责任人员及整改汇报时间，若上周有未完成问题，则要求责任人员继续进行处理，使用流程见图 2-17。

（1）监理例会发起

在监理例会召开以前，由监理秘书发起监理例会邀请。在新建的监理例会发起记录中，填写会议的基本信息，见图 2-18。

系统推送 Outlook 会议邀请至出席人列表中的所有人员。成功发送邀请后，监理例会发起记录会转到监理例会录入中，出席人员则收到邮件提醒按时参与会议。

（2）监理例会录入

监理例会录入先经过了以上的会议邀请后方可操作，发出邀请后会出现例会条目界面，会议录入工作要求在会议过程中完成，需要录入人员熟练快速的使用平台中的监理例会模块。会议中讨论事项较多，在会议过程中来完成录入工作耗时长，不能与开会进度匹配，录入工作仍在会议后进行，会议录入界面见图 2-19。

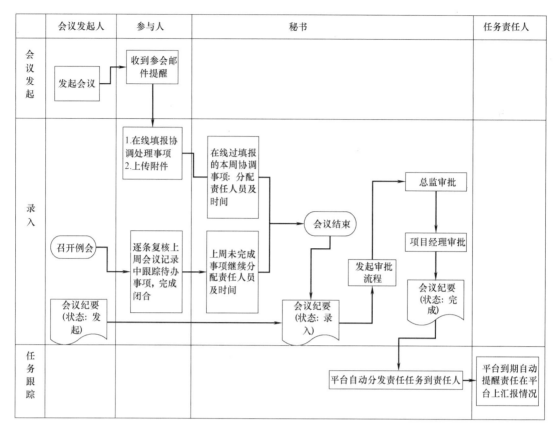

图 2-17　会议管理流程图

会议信息

会议主题* ┃2013年11月03日监理例会┃　　　　会议类型 ┃监理例会┃

会议室名称 ┃　　　　…┃　召开部门 ┃　　　┃　开始日期 ┃2014-11-03┃ ┃08:00┃▼

主持人 ┃　　　　┃　会议发起人* ┃　　　…┃　选择模板

出席人* ┃　　　　　　　　　　　　　　　┃　　选择出席人

　　　　　　　　　　　　　　　　　　　　　　　　发送邀请

内容概要 ┃　　　　　　　　　　　　　　　┃

状态 ┃1.新建┃　　录入人 ┃王力┃　　录入日期 ┃2014-11-03 09:36:51┃

图 2-18　会议邀请信息图

　　　监理例会模块，全体监理人员都需要参与其中的管理工作，监理工程师确定质量进度问题，监理秘书记录、录入问题，总监理工程师审批，审批通过的问题进行任务跟踪，监理工程师现场也需要跟踪问题，在下次会议时或指定整改日期前核实施工单位是否整改，而且施工单位应该在限期内进行回复，否则将问题推到上周未完成工作进行跟踪，在本周会议中再次提出，系统在本周继续跟踪，重复次数加一，以此类推，会议跟踪界面见图 2-20。

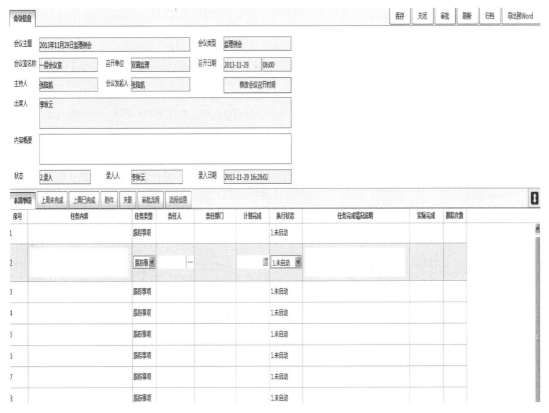

图 2-19　会议录入界面

图 2-20　会议跟踪界面

对于无特殊原因长时间未能解决的问题，可建议建设单位对施工单位进行处罚。

（3）监理例会档案

会议状态为"完成"的监理例会记录，可在监理例会档案模块查阅，相当于归档的纸版会议纪要，可以查看阅读，以及通过查询面板搜索符合查询关键字的会议记录。

4. 项目协同平台应用成效

系统平台功能模块是根据用户 SOHO（中国）的需求来搭建而成的，功能和内容丰富，将所有参与项目建设以及材料供应单位集中起来，一定程度上将工程信息共享，参与工程的各管理人员实时进行自身责任内工作的跟进，提高了工作的积极性和责任感，有效提高了工程业务的审批效率，实现建设过程中信息共享，减小了文件存档量及纸张资源浪费，促进工程过程建设中的沟通以及实现移动办公。

通过质量管理及会议管理模块应用，发现协同平台在实际使用时还需解决一些问题：

1）工程项目上需要保证流畅的网络；

2）使用平台的各级人员要熟练掌握计算机操作；

3）在录入问题时只能单条的录入，比较耗时，尤其在例会问题录入过程中若间隔一段时间再操作，则可能会出现重新登录，上传的数据丢失现象；

4）系统对责任人员的提醒会重复，如有两个或三个同专业管理人员则其会都进行任务提醒，相应责任人员完成整改或审批工作，则其他人员会浪费时间查看邮件登录平台处理。

协同 OA 系统发展到现在，从行政管理转移到行政、业务兼管，从沟通转移到协作，从单一应用转移到系统整合，融合了协同、知识管理、门户等，可以有效帮助项目型企业实现项目的标准化、规范化、精细化管理，提高企业对项目的管控能力。

大部分成熟的协同平台系统内置的工作流引擎，支持日常办公事务，及所有与项目管理相关业务的审批流转，实现办公自动化，规范管理、提高协作效率。通过日常应用提炼出符合企业自己特色的项目管理模式与做法（如编码、文档模板、业务管理表单、过程），做到知识、技能和方法的沉淀与复用。帮助新开工项目、新员工缩短学习时间，快速适应工作。采用搭积木式的系统开发与配置功能。用户不但可以快捷地对系统现有的功能组件进行调整，而且可以增加新的功能组件，然后通过搭积木式的组件装配，灵活构建符合企业特色的项目管理系统。

可以展望，在超高层写字楼项目管理中，项目协同平台将有更广泛、深入的应用。

2.3 项目监理信息资料管理

北京望京 SOHO-T3 项目工程量大、技术复杂，管理要求高、管理信息量大，给各参建单位内部的资料和信息管理提出了更高的要求，项目监理机构的信息管理主要工作包括：1）施工阶段，项目监理机构的工作，包括安全管理、质量管理、进度管理、费用管理等，这些监理工作的情况和痕迹均是通过监理资料真实地反映出来，应保证项目监理资料的收集、归档的及时与完整；2）项目监理机构要实时完成项目协同平台的信息收集、输入及处理等工作；3）项目监理机构应完善内部的信息管理，使信息管理分工明确、规范高效。

望京 SOHO—T3 项目监理机构信息管理情况如下。

2.3.1 信息资料的分类及基本要求

根据《建设工程监理规范》规定，监理资料分为三类：第一类为监理单位编制的自身资料，包括：监理规划、监理细则、监理月报、会议纪要、监理日志、旁站记录、文件收发台账等；第二类为施工技术资料，包含：施工组织设计、施工方案、工程材料、构配件及设备报验资料、工程质量检查及有关验收资料等；第三类资料主要包括：合同文件、工程变更文件、费用索赔文件等。

望京 SOHO-T3 工程的资料进行细化，共分为 20 类，具体如下：

1. 合同文件

1)"合同文件"的监理资料整理范围

(1) 建设工程委托监理合同。

(2) 施工招投标文件。

(3) 承包单位及分承包单位的施工合同。

(4) 各类材料、构配件和设备的采购合同。

2)"建设工程委托监理合同"的监理资料整理内容

(1) 施工监理招标投标文件在公司经营部归档保存。

(2)《北京市建设工程委托监理合同》副本 1 份。

(3) 监理公司的企业资质及营业执照复印件各 1 份。

(4) 项目监理机构的《监理机构人员名单》1 份。

(5) 总监的资格证书及监理人员的上岗证书及职称证书等复印件各 1 份。

(6) 建设单位签发的《监理授权委托书》1 份。

(7) 总监理工程师对总监理工程师代表的授权书一份。

3)"工程招投标文件"的监理资料整理内容

(1) 建设单位提供的《招标文件》及《中标通知书》各 1 份。

(2) 建设单位提供的《工程投标报价》或《工程预算》1 份。

4)"总承包及分包单位的施工合同等"监理资料整理内容

(1) 承包单位《建筑安装工程施工合同》1 份。

(2) 分承包专业工程的《建筑安装工程施工合同》各 1 份。

(3)《建筑安装工程施工合同》学习记录一份。

5)"各类材料、设备的采购合同"的监理资料整理内容

(1) 各类材料、构配件和设备的《材料设备采购合同》各 1 份。

(2)《材料设备采购合同》学习记录各一份。

2. 设计文件

1)"设计文件"的监理资料整理范围

(1) 工程施工图纸及政府有关部门审批意见。

(2) 岩土工程勘察报告及地下管线情况资料。

(3) 测量基础资料。

2)"施工图纸"的监理资料整理内容

（1）建筑、结构、电气、暖卫及电梯等部分的工程施工图纸各2套。

（2）政府有关部门审批意见包括以下内容

① 人防图纸的审查意见及备案手续。

② 消防设计审批意见及相关手续。

③ 锅炉设备安装图纸的劳动局审批意见及备案手续。

（3）施工图纸台账及《施工图纸收发记录》各1份。

3）"岩土工程勘察报告"的监理资料整理内容

（1）建设单位提供的由地质勘探单位做出的《岩土工程勘探报告》1份。

（2）建设单位就地下管线问题向承包单位进行的交底材料1份。

4）"测量基础资料"的监理资料整理内容

建设单位提供的由北京市测绘院做出的《红线桩成果表》及《水准点成果表》各1份。

3. 工程项目监理规划及监理实施细则

1）"工程项目监理规划及监理实施细则"的监理资料整理范围

（1）工程项目监理规划。

（2）监理实施细则。

（3）项目监理部编制的总控制计划等其他资料。

2）"监理规划"的监理资料整理内容

《监理规划》及《监理规划报审表》各1份。

3）"监理实施细则"的监理资料整理范围及内容

（1）建筑（土建）工程《监理实施细则》及《专业监理实施细则审批表》4.2-4 表（以下简称"细则审批表"）各1份。

（2）暖通安装工程《监理实施细则》及"细则审批表"各1份。

（3）电气安装工程《监理实施细则》及"细则审批表"各1份。

（4）电梯安装工程《监理实施细则》及"细则审批表"各1份。

（5）测量工程《监理实施细则》及"细则审批表"各1份。

4）"项目监理部编制的总控制计划等其他资料"的监理资料整理范围及内容

（1）项目监理机构编制的《施工总进度控制计划》1份。

（2）其他资料包括《材料、施工试验见证计划》、《监理旁站计划》等各1份。

4. 工程变更文件

1）"工程变更文件"的监理资料整理范围

（1）审图汇总资料。

（2）设计交底记录、纪要。

（3）设计变更文件。

（4）工程变更记录。

2）"审图汇总资料"的监理资料整理内容

监理单位的《熟悉图纸记录》及相关《图纸审查记录》各1份。

3）"设计交底记录、纪要"的监理资料整理内容

监理单位参加设计交底的《设计交底记录》及相关《设计交底记录》各1份。

4）"设计变更文件"的监理资料整理内容

《设计变更通知单》各1份。

5）"工程变更"的监理资料整理内容

《设计变更、洽商记录》各1份。

5. 监理月报

《监理月报》的监理资料整理内容：

（1）项目监理机构编制的《监理月报》各1份。

（2）月报格式参照《建设工程监理规程》附录D执行，月报由总监签字后生效。

6. 会议纪要

1）"会议纪要"的监理资料整理范围

（1）建设单位组织并主持的《第一次工地会议纪要》。

（2）监理组织并主持的《施工监理交底纪要》。

（3）监理组织并主持的《监理例会会议纪要》。

（4）监理组织并主持的《专题工地会议纪要》。

（5）项目监理机构内部组织的关于工程质量、进度、造价等内容的《会议纪要》。

2）《第一次工地会议纪要》及签到表各1份。

3）《施工监理交底纪要》及签到表各一份。

4）每期《监理例会会议纪要》及签到表各1份。

5）《专题工地会议纪要》及签到表各1份。

6）项目监理机构组织的各种工作《会议纪要》，如组织学习监理合同的《会议纪要》1份。

7. 施工组织设计（施工方案）

1）"施工组织设计（施工方案）"的监理资料整理范围

（1）施工组织设计（总体设计或分阶段设计）。

（2）主要分部（分项）施工方案。

（3）季节施工方案。

（4）其他专项施工方案。

2）"施工组织设计（施工方案）"的监理资料整理内容

《施工组织设计》及《工程技术文件报审表》各1份。

3）主要"分部（分项）施工方案"的监理资料整理内容

《分部（分项）施工方案》及《工程技术文件报审表》各1份。

4）季节性《冬雨期施工方案》的监理资料整理内容

季节性《冬雨期施工方案》及《工程技术文件报审表》〈表式C2-1〉各1份。

5）"其他专项施工方案"的监理资料整理内容

（1）土建专业的主要其他专项施工方案包括：《施工测量方案》、《材料及施工试验方案》等。

（2）暖通给排水专业的主要其他专项施工方案包括：《消防工程调试及联动试验方案》、《中水系统处理方案》、《冷冻站、交换站空调系统的供冷、共热方案》等。

（3）《工程质量目标计划及措施》及《工程技术文件报审表》各1份。

（4）《工程成品保护措施》及《工程技术文件报审表》各1份。

（5）技术复杂或采用新技术的分项分部等工程，承包单位应分别编制相应的《施工方案》及《工程技术文件报审表》各1份。

8. 分包资质

1）"分包资质"的监理资料整理范围

（1）分包单位资质资料。

（2）供货单位资质资料。

（3）试验室等单位的资质资料等。

2）"分包资质"的监理资料整理内容

（1）《分包单位资质报审表》及相应附件1份。

（2）《分包单位资质报审表》的附件包括中标通知书、分包单位的营业执照、企业资质证书、专业许可证书、安全施工许可证、外地进京备案及境外企业在国内承包工程许可证书等的复印件及项目组织机构人员名单。

（3）分包单位的人员资格复印件。

3）"分供货单位资质"的监理资料整理内容

钢材和水泥的非厂家供货单位、混凝土构件及钢结构构件的生产销售单位、人防设备及构配件（如人防门窗）等的生产销售单位、消防材料（如防火门、防火涂料等）及设备等的生产销售单位根据北京市的有关要求必须具有销售备案手册或生产许可证。

4）"试验室资质"的监理资料整理内容

施工实验室及有见证试验室的资质应满足工程实际需要，同时按北京市建委要求必须经审核为允许对外进行施工试验的单位，并应提供相应的试验室编号及钢印样章。

9. 进度控制

1）"进度控制"的监理资料整理范围

（1）工程开工报审表（含必要的附件）。

（2）总进度计划及年、季、月进度计划。

（3）月工、料、机动态表。

（4）停、复工资料。

2）《工程开工报审表》的监理资料整理内容

《工程动工报审表》1份，应提供以下的附件：

① 建设单位提供的基建文件，包括：立项会议既要和批示、立项文件、计划任务书等各1份。

② 建设单位提供的用地规划许可证、附件及附图各1份。

③ 建设单位提供的《建设工程施工许可证》1份。

④ 工程质量监督备案手续1份。

⑤ 就地下管线问题向承包单位进行的书面交底一份。

⑥ 总包单位完成工程定位放线及相应控制网布置，提供《工程定位测量记录》。

3）《施工总进度计划》和《年、季、月施工进度计划》的监理资料整理内容。

（1）《施工进度计划报审表》及《施工总进度计划》、《施工进度季、月计划》等（包括相应的说明、图表、工程量等内容）各1份。

（2）《专业工程施工进度计划》由各专业施工队伍编制，并经总包单位审核确认后与总承包单位的《施工进度计划》一并报送监理单位。

4）《月工、料、机动态表》的监理资料整理内容

承包单位按月填写的《月工、料、机动态表》各1份，第一次报表时需将承包单位管理人员资质、各工种操作人员、特殊工种人员资质一同申报。

5）《工程暂停令》的监理资料整理内容：

《工程暂停令》及《工程复工报审表》各一份。

10. 质量控制

1）"质量控制"的监理资料整理范围

（1）各类工程材料、构配件、设备报验。

（2）施工测量放线报验。

（3）施工试验及有见证取样试验。

（4）分项、分部工程施工报验与认可。

（5）检验批施工报验与认可。

（6）不合格项处置记录。

（7）质量问题和质量事故报告及处理等资料。

2）"各类工程材料、构配件、设备报验"的监理资料整理内容

（1）《工程物资选样送审表》及相应的物资样品各1份。

（2）《工程物资进场报验表》及相应的《设备开箱检查记录》、《材料、配件检验记录》及相关的质量保证资料如《半成品钢筋出厂合格证》《预拌混凝土出厂合格证》《预制混凝土构件出厂合格证》《钢构件出厂合格证》等各1份。

3）"工程定位测量"的监理资料整理内容

（1）《施工测量放线报验表》、《工程定位测量记录》及施工测量成果表等资料各1份。

（2）《施工测量放线报验表》、《基槽验线》及施工测量成果表等资料各1份。

（3）《施工测量放线报验表》、《楼层放线记录》及施工测量成果表等资料各1份。

（4）《施工测量放线报验表》、《沉降观测记录》及施工测量成果表等资料各1份。

4）"施工试验及有见证取样试验"的监理资料整理内容

（1）施工试验主要包括：《设备单机试运转记录》、《调试报告》、《钢筋连接试验报告》、《回填土干密度试验报告》、《回填土击实试验报告》、《砌筑砂浆抗压强度试验报告》、《混凝土抗压强度试验报告》、《混凝土抗渗试验报告》、《超声波探伤报告》、《超声波探伤记录》、《钢结构射线探伤报告》、《砌筑砂浆试块强度统计、评定记录》、《混凝土试块强度统计、评定记录》、《防水工程试水检查记录》、《电气接地电阻测试记录》、《电气绝缘电阻测试记录》、《电气器具通电安全检查记录》、《电气照明、动力试运行记录》、《综合布线测试记录》、《光纤损耗测试记录》、《视频系统末端测试记录》、《管道灌水试验记录》、《管道强度严密性试验记录》、《管道通水试验记录》、《管道吹（冲）洗（脱脂）试验记录》、《室内排水管道通球试验记录》、《伸缩器安装记录表》、《试验组装除尘器、空调机漏风检测记录》、《风管漏风测试记录》、《各房间室内风量测量记录》、《管网风量平衡记录》、《通风系统试运行记录》、《制冷系统气密性试验记录》及电梯施工试验记录等。

（2）有见证取样试验的监理资料整理内容

①《有见证取样和送样见证人备案书》1份。

②《见证记录》各1份。

③《有见证试验汇总表》各1份。

5）检验批、分项、分部工程质量报验的监理资料整理内容

（1）"检验批验收"要求承包单位填写相应的《检验批质量验收记录》、隐预检记录、施工记录、施工试验记录等各一份。

（2）分项工程报验时应有以下资料

①《分项工程报验表》。

② 质量保证资料汇总表，内容包括该部位施工所采用的工程物资试验单编号、施工试验编号、施工记录编号及其存放地点。

③《分项工程质量检验记录表》。

（3）分部（子分部）工程验收包括的资料有

①《分部（子分部）工程验收记录》，《建筑工程施工质量验收统一标准》GB 50300—2001中的表E.0.1，并将该分部工程所含分项工程质量验收记录复印件作为附件。

② 质量控制资料，按GB 50300—2001表G.0.1-2单位（子单位）工程质量控制资料核查记录中的相关内容来确定所验收的分部（子分部）工程的质量控制资料项目。

③ 安全和功能检验（检测）报告，按GB 50300—2001表G.0.1-3单位（子单位）工程安全和功能检验资料核查及主要功能抽查记录中相关内容确定核查和抽查项目；

④ 观感质量验收资料，按GB 50300—2001表G.0.1-4单位（子单位）工程观感质量记录中相关内容确定检查项目。

6）《不合格项处置记录》的监理资料整理内容

（1）《不合格项处置记录》各1份。

（2）监理单位整改报告各一份。

7）质量问题处理的监理资料整理范围及内容

（1）通过返修可以弥补的质量缺陷等质量问题，具体整理归档以下内容：

① 监理单位签发的《监理通知》各1份。

② 施工单位提出相应的《质量问题调查报告》各1份。

③ 施工单位针对《工程质量缺陷报告》的有关内容，分析工程质量缺陷产生的原因，并提出的《质量缺陷的处理方案》1份，并填写相应的《工程技术文件报审表》报送监理单位进行审核。

（2）需要返工或加固补强的质量问题，具体整理归档以下内容：

① 监理单位签发的《工程延期审批表》各1份。

② 施工单位根提出相应的《质量问题调查报告》及《质量问题的处理意见》各1份。

③ 当该质量问题核定为重人质量事故时，施工单位必须填写《建设工程质量事故调（堪）查记录》和《建设工程质量事故报告书》一并报送监理单位。

④ 监理单位与建设单位、设计单位进行研究，由设计单位提出《质量问题的处理方案》，监理批复施工单位对质量问题进行处理。

11. 造价控制

1）"造价控制"监理资料整理范围

（1）概预算或工程量清单。

（2）工程量报审与签认。

（3）预付款报审与支付证书。

（4）月付款报审与支付证书。

（5）设计变更、洽商费用报审与签认。

（6）工程款支付申请与支付证书。

（7）工程竣工结算等。

（8）投资控制台账。

（9）单位工程技术经济分析资料。

2）"概预算或工程量清单"的监理资料整理内容：概预算或工程量清单等各1份；包括：施工图预算、施工预算等文件。

3）"工程量报审与签认"的监理资料整理内容：承包应于每月26日前，根据工程实际进度及监理工程师签认得分项工程，上报月完成工程量。所计量的工程量应经过总监理工程师同意，由监理工程师签认。

4）"预付款报审及支付证书"的监理资料整理内容

（1）承包单位填写《工程支付申请表》，报项目监理机构。

（2）总监理工程师审核是否符合建设工程施工合同的约定，并及时签发工程预付款的《工程款支付证书》。

5）"月付款报审表及支付证明"的监理资料整理内容

（1）要求承包单位根据当期已经发生且经审核签署的《（　）月工程进度款报审表》、《工程变更费用报审表》和《费用索赔审批表》等计算当期工程款，填写《工程款支付申请表》。

（2）监理工程师审核后，由总监理工程师签发《工程款支付证书》，报建设单位。

6）"设计变更、洽商费用报审与签认"的监理资料整理内容

《工程变更费用报审表》各1份。

7）"月支付汇总表"的监理资料整理内容

（1）《＊月工程进度款报审表》。

（2）《工程变更费用报审表》。

（3）《费用索赔审批表》。

（4）《工程款支付申请表》。

（5）《工程款支付证书》。

8）"工程竣工结算"的监理资料整理内容

（1）《工程竣工结算申请书》1份及相应的《工程款支付申请表》。

（2）经与建设单位、承包单位协商一致后，建设单位、监理单位和承包单位在《工程竣工结算申请书》共同签认并加盖公章，同时由项目总监签认竣工结算的《工程款支付证书》1份。

9）"工程造价控制台账"的监理资料整理内容

（1）工程拨付款台账。

（2）工程概算审核统计台账。

（3）工程造价控制台账。

（4）工程监理收费台账。

（5）合理化建议台账。

10）"单位工程技术经济分析资料"的监理资料整理内容

（1）单位工程技术经济分析资料。

（2）主要工程量分析。

（3）建安工程造价费用组成。

（4）专业分部工程造价分析。

（5）材料设备清单。

（6）总包分包供货商名录。

12. 监理通知回复

监理资料整理内容：《监理通知》及《监理通知回复单》各1份。

13. 合同其他事项的管理

1）"合同其他事项管理"的监理资料范围

（1）工程延期报告、审批等资料。

（2）费用索赔报告、审批等资料。

（3）合同争议、违约处理资料。

（4）合同变更资料。

2）"工程延期报告及审批"的监理资料整理内容：《工程延期申请表》及《工程延期审批表》各1份。

3）"费用索赔报告及审批"的监理资料整理内容：《费用索赔申请表》及《费用索赔审批表》各1份。

4）"合同争议和违约"的监理资料整理内容

（1）《合同争议调解申请》及关于监理单位调解决定的《工作联系单》各1份。

（2）《合同违约申述报告》及关于监理单位处理意见的《工作联系单》各1份。

5）"合同变更"的监理资料整理内容

施工合同的《补充协议》各1份。

14. 工程验收资料

1）工程验收的监理资料整理范围

（1）工程基础、主体结构等中间验收资料。

（2）幕墙工程验收纪录。

（3）设备安装专项验收资料。

（4）竣工验收资料。

（5）竣工移交证书等资料。

（6）工程竣工验收备案的有关资料。

2）基础、主体工程验收的监理资料整理内容：《基础/主体工程验收记录》各1份。

3）幕墙工程验收记录的监理资料整理内容：《幕墙工程验收记录》各1份。

4）设备安装专项验收的监理资料整理内容

（1）《竣工验收通用记录》各1份。

（2）要求承包单位在分部工程或某系统施工并调试完成后，建设单位报请专业主管部门，并组织监理单位、设计单位、承包单位等进行工程验收。

5）单位工程竣工验收的监理资料整理内容

（1）《单位工程竣工预验收报验表》。

（2）《单位（子单位）工程质量竣工验收记录》GB 50300—2001 表 G.0.1-1。

（3）《质量保证资料核查表》1 份 GB 50300—2001 表 G.0.1-2。

（4）《单位工程观感质量评定表》1 份 GB 50300—2001 表 G.0.1-3。

（5）《单位工程质量综合评定表》1 份 GB 50300—2001 表 G.0.1-4。

（6）《工程竣工验收报告》1 份。

6）竣工移交证书资料的监理整理内容

《竣工移交证书》1 份。

16. 其他往来函件

其他往来函件的监理资料整理内容

（1）政府监督部门现场抽查的《工程质量监督（抽查）记录表》，及相应的整改报告各一份。

（2）建设单位与施工单位（分包单位）之间发生的与工程有关的往来函件。

（3）建设单位与监理单位之间发生的与工程有关的往来函件。

（4）监理单位与施工单位之间发生的工程有关的往来函件。

（5）项目监理机构与监理单位之间进行的与工程相关的往来函件。

16. 监理管理台账及监理日记

1）监理管理台账的监理资料整理范围及内容

（1）图纸收发记录、图纸状态台账。

（2）收发文本。

（3）施工试验台账（包括钢筋原材料、钢筋连接等等）。

2）监理日记的监理资料整理内容

（1）日期及天气情况。

（2）工程施工的主要部位、进展情况。

（3）施工单位、施工设备及大型机具及现场施工人员动态。

（4）项目监理机构各专业当天出勤人员、分工及主要活动。

（5）安全、质量、进度、造价、信息等方面的重大问题及处理情况，包括停复工、监理指令、事故处理、合同争议、投诉等。

（6）项目监理机构的内部会议及管理活动，职业道德建设等情况。

（7）工程例会、专题会议、设计交底、合同管理等综合性工作。

（8）其他。

17. 监理工作总结

监理工作（阶段）总结的监理资料整理内容：

（1）地基处理工程施工阶段的《监理工作总结》。

（2）基础及主体结构工程施工阶段的《监理工作总结》。

（3）单位工程竣工的《监理工作总结》。

（4）特殊专项工程的《监理工作总结》。

18．质量手册及质量计划

1）质量体系文件的监理资料整理范围

（1）质量手册。

（2）质量计划。

（3）作业指导书。

2）质量手册的监理资料整理内容

（1）监理公司编制的《质量手册》及《程序文件》各1份。

（2）根据公司《质量手册》的有关要求，监理合同、质量计划、作业指导书需要加盖"受控文件"章，并按时间顺序编号（样式为：［K］sy＊b—＊＊＊—＊＊＊）。其中"sy＊b"中的"＊"号为第几监理部，其后＊＊＊是工程名称缩写的拼音字头字母，然后＊＊＊是按编写时间顺序的编号。

3）质量计划的监理资料整理内容

《质量计划》及相应的《质量计划审批表》各1份；要求加盖"受控文件"章及编号。

4）作业指导书的监理资料整理内容

（1）《作业指导书》各1份，加盖"受控文件"章及编号。

（2）现阶段由各项目监理机构结合工程的实际特点，在《监理规划》及《质量计划》中明确单位工程的特殊过程和关键过程所包含的工序项目，由监理工程师有针对性地逐项编制相应的《作业指导书》，并由项目总监理工程师审批。

5）质量体系文件的修改

19．质量体系运行文件

质量体系运行文件的监理资料整理范围

（1）质量计划审批表。

（2）质量计划修改表。

（3）专业监理实施细则审批表。

（4）文件资料清单。

（5）《监理规划》报审表。

（6）《监理规划》交底记录表。

（7）图纸熟悉记录。

（8）不合格及纠正（预防）措施报告。

（9）年度培训申请表。

（10）人员培训考核登记表。

20．安全监理资料（略）

2.3.2　信息资料的管理要点

所有资料均建立电子化管理台账。台账必须有资料的编号、部位、日期等关键信息，无论是平时需要查询信息或专业监理工程师需要提供资料或者相关信息时，都可通过电子版台账快速地反馈，不用再去翻阅大量的纸质版资料。

各类资料的管理要点如下。

1. 合同文件

将接收到的建设单位发放的合同及时进行登记，交予专业监理工程师学习并形成合同学习记录。

2. 工程变更文件

建设单位下发后，及时复印给相关专业监理工程师并做好登记存档工作。设计变更和洽商台账必须记录明确的设计部下发日期、变更编辑日期、编号、专业类别、变更原因，此外还有一个备注变更文件扫描的超链接，点击进入即可查阅文件。由于工程变更文件不一定根据编号顺序下发，并且种类较多，故台账的整理和登记显得尤为重要。

3. 监理规划和监理实施细则

监理规划（安全监理方案）报审表必须按照公司要求的格式进行编制，并报公司总工审批。监理实施细则报审表、监理交底表、内部交底、会签表需齐全。

4. 监理月报和周报

每周一完成周报的编制；每个月 25 日配合专业监理工程师完成月报数据、合同、变更及天气等内容；监理月报必须通过项目总监理工程师审批，最终成稿后由项目总监理工程师签字。

5. 会议纪要

会议纪要完成后，交项目总监理工程师审核，审核再经修改完毕后，发建设单位及总包单位，待双方将意见返回资料员后，交项目总监理工程师做最后的审查，审查无问题后，再由建设单位、监理单位、总包单位三方签字，签字完成后最后正式发出、存档。从 2012 年 7 月份起望京 SOHO 开始实施工程协同平台，资料员负责将监理会议纪要录入，提交总监审批。此协同平台可以持续跟踪会议事项，并有明确的责任单位、责任人、责任时间。

6. 施工方案

资料员负责施工方案接收，接收时要求施工单位务时提交电子版方案，并将电子版方案标题增加收件时间、存放在共享文件夹内。

收到方案后交项目总监理工程师，由项目总监理工程师指定方案审核人员，及时通知方案审核相关人员查收，进行方案审核的时限为收到电子版方案的三个工作日内，由各专业监理工程师将方案审核意见统一汇总至资料员整理交项目总监理工程师审核，并最终发出正式审核意见，方案审批信息追踪见图 2-21。

编号	方案名称	收件日期	审核人员	规定完成日期	实际完成日期
1	钢结构焊接方案（地下）	2012-3-28	张工、邢工	2012-3-30	2012-3-29

图 2-21　方案审批信息追踪

方案最终审批完成后，将施工方案及审核意见及时保存电子版并与方案进行统一编号留存。纸质版方案标写清楚第几版并分类按照编号放入档案盒，档案盒做好标识标签，以便于查找、归类、整理，情况见图 2-22。

7. 质量控制

对施工试验、物资、工程验收资料等分类建立电子台账，情况见图 2-23。

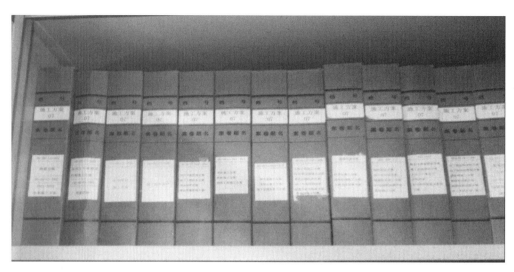

图 2-22　纸版方案归档情况

施工试验（混凝土试块）记录目录

成型日期	见证取样编号	见证人	取样部位	强度等级	试件编号	养护条件	龄期(d)	实际抗压强度(MPa)	达到设计强度(%)	试验单编号	试验单日期
2012-05-15	T3-TBY-148	王虎记	主楼地下二层1区3段、1区2段钢管柱	C60	T3-313	标准养护	28	65.8	110	HN12-09827	2012-06-15
2012-05-15	T3-TBY-149	杨富宽	地下三层核心筒Ⅱ区2段柱头	C60	T3-314	标准养护	28	64.4	107	HN12-09828	2012-06-15
2012-05-15	T3-TBY-150	杨富宽	地下三层Ⅱ区2段人防顶板、梁	C35P6	T3-315	标准养护	28	41.9	120	HN12-09909	2012-06-15

监理资料目录（防水材料）

序号	文件编号	简要内容	时间
1	01-05-C4-001	弹性体SBS改性沥青防水卷材Ⅱ型 4mm 基础底板	2011-12-19
2	01-05-C4-002	水泥基渗透结晶体防水涂料PCC-501 Ⅰ型 地下部分桩头	2011-12-19

监理资料目录（地上钢骨柱、钢梁安装隐检）

序号	文件编号	简要内容	时间	备注
1	02-04-C5-001	地上一层 3-9～3-15/3-A～3-C 轴 钢柱 32根	2012-05-31	
2	02-04-C5-002	地上二层 3-9～3-15/3-A～3-C 轴 钢柱 4根	2012-06-06	
3	02-04-C5-003	地上二层 3-9～3-15/3-A～3-C 轴 钢柱 8根	2012-06-06	

图 2-23　施工试验、物资、工程验收电子台账

8. 其他往来函件

建设单位通知收到后，及时交给项目总监理工程师，需要组织学习的及时传阅给项目人员，需要交给专业监理工程师的及时复印传达，并建立台账。

工作联系单：将当日形成的工作联系单交给项目总监理工程师审核，审核及签字完成后，及时发给建设单位、总包单位及相关单位并存档登记台账。

施工单位函件：分为总包单位函件以及分包单位联系单，收到后及时交给项目总监理工程师，需要交给专业监理工程师的及时复印传达，均需要存档登记台账。

9. 其他常用的监理台账

包括：收文台账，发文台账，公章使用台账，办公用品统计发放台账，内部发放台账。对各类台账按时、准确、详细地登记。

第3章　精细化管理

现代管理学认为，科学化管理有三个层次：第一个层次是规范化，第二个层次是精细化，第三个层次是个性化。精细化管理源于发达国家（日本20世纪50年代），它是社会分工的精细化，以及服务质量的精细化对现代管理的必然要求。建筑工程的精细化管理，要求将管理责任具体化、明确化，要求各参建单位的管理都要到位、尽职，第一次就把工作做到位，各项工作不留尾项，及时检查已完工程，发现问题后跟踪处理并解决。

精细化管理将管理的规范性与创新性有机结合，在望京SOHO－T3等超高层建筑的工程管理中，通过分析工程项目管理需求，找准关键问题，发现薄弱环节，有针对性地建立和完善管控体系，实现管理对工程的促进作用。

在本章，通过材料管理、样板管理、变更管理、安全文明施工管理、品质管理等方面的实施情况，可以体会到超高层写字楼工程管理的艰巨性和复杂性，更可以体会到管理中规范、细腻、严谨的重要性。

3.1 工程材料管理

建筑工程施工阶段需要使用大量、多种类的材料和设备，经验数据显示，高层写字楼项目的材料和设备造价约占工程总造价的 60% 至 70%，工程材料设备对整个工程的质量、进度、造价都有着决定性的影响，工程材料设备的合约管理及采购管理是最基本的工作，虽然在实际工程中的管理思路、管理手段不同，但对品质、成本、进度的关注是一致的。在众多超高层写字楼项目管理中，工程材料设备管理已成为核心和关键工作，能够集中体现复杂项目工程管理的精细化程度。

望京 SOHO—T3 项目专业承包单位超过二十家，材料采购供应合约几十份，大型机电设备超过二十类，通过分类管理，先后订立并实施了认证封样、样品管理、联合验收、存储管理等制度，并运用项目协同平台实施信息化管理，对工程材料设备的品质、成本、进度等进行管控，取得了成功。

3.1.1 材料设备分类管理

按照合同方式材料设备分为：

A 类：由建设单位与供货单位签订采购（供应）合同。

B 类：总包单位与指定供货单位签订采购（供应）合同，建设单位作为见证方。

C 类：由建设单位、总包单位共同招标确定供货单位或建设单位指定品牌，承包人与供应商在发包人见证下签订采购（供应）合同。

D 类：由总包单位在招标文件 D 类材料清单范围内确定供货单位并经建设单位确认，总包单位与供货单位签订采购（供应）合同。

1. 责任分工

1）建设单位

及时提供设计图纸、设计变更、洽商等资料及 A、B 类材料、设备清单供总包单位提量使用。

建设单位采购部具体负责监督各方工作：划分 A、B 类材料、设备的种类和提出报量时间要求；审核监理单位审定后的提报量及现场实测耗量，签订供货合同；审核发料、领料汇总表，随时监督 A、B 类材料、设备库存及材料、设备的发放情况；督促供货单位按计划到货，按总包报表补货；提供发料预算量参考表，拨付到货款并组织竣工结算。

2）监理单位

监理单位负责监督并审定总包单位的材料及设备提报量及现场 A、B 类材料、设备的实测耗量，如审定后的提报量在工程中出现问题，监理单位应承担部分责任。

监理单位监督材料、设备的管理，协助总包单位验货并在验货时最终对进场材料、设备的质量把关（有最终质量否决权），监控 A、B 类材料、设备管理按规定程序进行，直接对建设单位负责。

3）总包单位

根据建设单位提供的资料负责 A、B 类材料、设备的提量、统计工作（此工作应满足现场材料、设备招投标和实施工程之用），并应核实材料、设备的规格、型号、质量等级等技术要求。统计好数量签字后报监理单位审核。若总包单位提量或管理责任造成建设单位的经济损失，双方结算时，总包单位向建设单位支付赔偿金。

负责接货、验货（相关试验）、收货、保管、发货、跟踪、报表、盘点等材料、设备的管理工作。在施工过程中严格检查使用单位对材料、设备的使用部位、安装节点、细部做法正确与否；检查对已进场材料、设备的使用情况、已安装材料、设备的成品保护情况等的管理是否合规；对合同审核会签；提供现场 A、B 类材料、设备的实测耗量，此量应与建设单位共同核定并通知各相关施工单位执行；参与材料、设备的招投标及结算等工作；在 A、B 类材料、设备管理上直接对监理单位负责。

建设单位将安排部分材料、设备由独立供应单位负责供应而由总包单位负责安装。总包须与独立供应单位联系，协调有关材料、设备的运送时间，并复核提供所需的数量等以确保材料、设备的运送时间不会对工程造成任何延误，总包单位须在其工程进度总计划表中表示有关材料、设备应运至现场的时间，供建设单位等相关方审阅。

总包单位须做好存放材料、设备的库房准备；对材料、设备的存放及保护方法作详细的安排，并书面呈送建设单位审核及认可，若现场未有足够的仓储空间，则总包单位须安排工地以外的仓库存放，由此产生的仓租、保管、二次运输、保险等一切费用由总包单位负责。

总包单位须提前为材料、设备运输做好充分准备，保证材料、设备运输路线畅通及设备与基础相互匹配；包括设计阶段考虑设备吊装口及运输路线、校核沿线结构荷载，施工阶段对运输路线的及时形成或施工预留，材料、设备运至现场后的水平、垂直运输（将材料、设备运至各相关现场），以及在必要的部位采取结构加固措施等。

2. 报量、接收及发放

1）统计报量：总包单位根据设计信息（图纸及变更）、A、B 类材料、设备清单（包括：名称、计量单位、品种、规格、包装、使用范围、供应时间等，对 A、B 类材料、设备的采购、运输、保管、使用等有特殊要求的应以恰当方式说明或提出），按工程进度计划及建设单位提供的供货周期，提前对材料、设备的规格、数量进行分类统计报量并由项目经理（或精装经理）签认。凡以面积计算的材料，报量均按图纸净面积计算；材料损耗量经建设单位组织供货单位、监理单位、总包单位现场测试、确定，共同签认合理损耗率，建设单位将按采购部审核后的报量加上实测耗量订货。施工时若无确实理由而突破确认的损耗量，补货费用由施工单位自理。若多报量导致最后剩余材料或因报量及审核失误，则由总包单位、监理单位分别承担相应责任和损失。

2）上报审定：总包单位将统计完的材料、设备分类统计报量表，签字后交监理单位，监理单位核实无误并签字后，报建设单位采购部，建设单位采购部审核后订货，并返各方一份。对于确属漏报或设计变更等其他建设单位原因，需要增补材料的要写明补货原因，逐级上报签字由监理单位交建设单位采购部落实补货事宜。如非建设单位原因造成的补货费用由责任方承担。

3）接收检验

建设单位采购部将签订的 A、B 类材料、设备合同复印件交有关各方（含有关技术支持附件），其余材料、设备合同由总包单位负责。材料封样样品交由监理单位登记、贴签并保管，以此作为验货时的依据；总包单位根据合同上的到货时间及工地现场需要，提前提醒建设单位或供货单位准备材料、设备进场。

在材料、设备进场的前2～3天（大宗材料、设备提前5天），建设单位及供货单位会通知总包单位做好接货准备，总包单位应提前准备好库房，并做好相应的接货准备工作。总包单位不得随意通知供货单位提前或延迟材料、设备到场时间，如有必要须向建设单位书面说明，并由建设单位材料部书面通知供货单位变更时间，并反馈总包单位确认。

材料、设备到场后，由监理单位、总包单位（建设单位采购部、项目部参与）按有关验收标准和产品出厂检验单、合格证等，共同对其进行抽样检查，抽检数量不小于10%（贵重产品如洁具应不小于30%），并按封样样品及合同中所要求的颜色、规格、质量等级进行验收，验收合格后统一存放到总包单位库房，做好验收签认记录。如存在质量等问题，总包单位应及时通知供货单位及建设单位采购部解决处理。总包单位负责收齐、保存相应竣工所需产品资料。

供货单位负责材料、设备运抵工地或货仓验收前的任何损耗，总包单位负责在上述地点验收后发生的损耗（包括安装材料、设备时所发生的损耗）。

4）入库保管

总包单位24小时安排材料、设备看管值班人员，看管并保证材料、设备的收、发货顺畅及时。入库的材料、设备须随时检查库房环境及条件，根据材料、设备的特性考虑码放位置及高度，妥善保管，注意防水、防潮、防磕碰等情况，所有材料、设备不得露天存放，不能因存放环境影响材料、设备的质量和完好。

如总包单位未按产品说明要求存放，或保管不当，造成的材料、设备损失由总包单位负责，最终由监理单位、建设单位现场工程师、建设单位采购部确认，结算时从总包单位服务费中扣除。

材料入库后两日内，总包单位将签字确认的收货单汇总，并按月交到建设单位采购部，建设单位将以此收货单及合同付款进度向供货及分包单位付款。

5）出库发放

总包单位按建设单位提供的预算量参考表发放材料、设备，建设单位预算部可提供与各分包合同的预算量，但仅作为发料参考。

总包单位发货时同各领料单位在库房当场验货、发货并办理出库手续，发给各单位时要统筹考虑，确保每单位基本一致，避免材料、设备搬运到各楼层后出现扯皮现象。禁止有发错或发多现象，由此所造成的二次搬运费用、材料及设备的人为损耗等由总包单位负责。材料、设备出库后出现损坏、丢失等问题，由该领料单位负责。

总包单位发放材料、设备时严格按发料预算量表控制（计划内发料），如需要额外发料（计划外发放，计划外发料处以双倍罚款，发料单分计划内和计划外两种）要双方备注签字后抄建设单位采购部，如需补货另行申请。

3. 现场管理

总包单位应设置现场A、B类材料、设备管理组，应有主要负责人。施工过程中的材料、设备管理问题可向建设单位采购部反映，A、B类材料、设备管理组纳入总包单位精装经理管理范畴。

监理单位组织各单位成立材料、设备管理小组，并设专人负责。定期组织会议，确保各单位之间的联系、与供货单位之间的联系保持畅通。

总包单位对下一步即将施工的工序所需要的材料、设备要统筹考虑，做好预控，不能出现没货、货不足等情况，应提前发现并及时通知建设单位采购部做好准备。

总包单位在施工前对各施工单位进行技术交底，减少材料、设备的浪费和损失，施工过程中必须随时检查、监控。总包单位对分包单位加强成品管理教育，尽量避免二次运输的损伤。

总包单位配备专职的文明施工检查人员，每天负责检查现场的成品/半成品的保护和文明施工。检查进楼材料的堆放、使用情况，不得超过施工允许荷载；发放材料、设备集中期间应合理安排进楼的运输，不得发生交通堵塞等现象。

建设单位采购部整体负责工程进行过程中的材料监控（建设单位项目部协助采购部工作），并随时检查现场材料、设备的使用情况，包括检查总包单位库存情况、按照管理规定核查提量及统计等工作。

4. 统计及结算

每月 25 日由总包单位定期向建设单位采购部报送更新的 A、B 类材料、设备汇总表，包括进场总量、发放量、库存量，发放量＋库存量＝进场总量；如出现不吻合，及时通告建设单位采购部，但责任及相应损失由总包单位负责。

工程竣工 20 天内，总包单位将 A、B 类各种材料、设备，收、发、库存（实际完好产品的库存）的最终汇总三级台账（台账记录截止日期为：业主集体收房入住之日）报到建设单位采购部审定，与建设单位采购部共同盘点实际库存后封账（总收货－总发货＝总库存），并确认是否相符及原因，如出现不吻合，责任及相应损失由总包单位负责，如其中有分包单位造成的原因，则由总包单位追究分包单位的责任，即责任逐级追究。

工程竣工 20 天内，总包单位应将发予各个领料单位的材料汇总制表，并与领料单位负责人签字确认，原件交予建设单位采购部。建设单位采购部负责最终审定（是否与最终三级台账相符合），并签字确认后将各单位领料表交予建设单位预算部做为与分包单位的结算依据。

5. 材料管理

部分表格见附录 D。

3.1.2　材料设备认证及封样管理

望京 SOHO—T3 工程实施材料设备样品认证封样管理制度，先后认证封样超过五百种，建立了完善的工程材料设备批量供货前的实物标准，用于工程材料设备批量进场检查检验的比对参照实物，有效控制工程使用的材料设备符合合约约定的质量标准和技术特征。

由建设单位委派或指定的认证主体对供货单位（承包商）提供的材料设备样品通过观察、测试、检验等方法进行认证，经认证后的样品封存于指定的样品库房内。需进行样品认证而未经认证或认证未通过的材料设备，不得在工程中使用。材料设备样品认证内容包括外观认证和技术认证。外观认证用于确认材料设备的观感等外观特征（仅适用于有外观要求的材料设备）；技术认证用于确认材料设备的性能及技术特征（适用于所有材料设备）。

1. 认证封样的范围

原则上本工程所使用的全部工程材料及设备，均须进行样品认证封样，方可作为工程使用的材料及设备，但一般性辅材可除外。具体应用范围由建设单位项目部牵头，设计部、采购部参与，根据项目特性及设计选材进行确定。其中需做外观认证的材料及设备，由设计部予以明确。截止到工程竣工，各专业完成封样的材料设备统计见表 3-1。

封样的材料设备统计表 表 3-1

土建类	50 种
钢结构类	33 种
暖通类	47 种
给排水类	45 种
强电类	60 种
弱电类	104 种
精装类	52 种
幕墙类	80 种
灯具类	41 种
市政类	27 种
总计	539 种

2. 样品认证类型及工作流程

按照材料样品认证类型及认证主体不同分为外观认证、技术认证两类，其中外观认证分为三级。

1）外观认证：依据材料设备的重要程度确定认证主体：

a 级：由建设单位设计部组织项目主设计师或其代理设计师认证。

b 级：由建设单位设计部设计师和设计经理认证。

c 级：无需确定外观。

2）技术认证：依据材料设备的品种分类，由建设单位项目部、监理单位、总包单位、分包单位的相应专业主管工程师认证，其中机电类材料/设备须由机电顾问参与认证。封样流程见图 3-1。

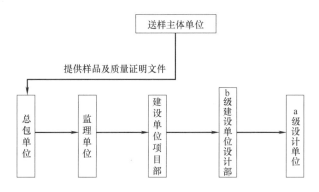

图 3-1 封样流程

在认证过程中进行跟踪，对于认证过程中的问题及时解决调整，一般情况下，不须经设计师认证的材料设备封样时间较短，涉及外观须经过设计师认证的时间稍长，认证完成后各方签署《工程材料/设备样品认证单》，见表 3-2。

工程材料/设备样品认证单				样品图片	
送样主体	□供应商　□承包商　　　　签字栏			（样品照片-彩色,分辨率 800×600） （可添加附件-适用于同类型样品批次封样时）	
样品名称					
供应商名称					
专业分类	□建筑　□机电　□园林				
工程特征	规格： 型号： 颜色：				
使用部位/区域					
认证内容	□外观认定:□a 级□b 级□c 级 □技术认证				
合同方式	□A 类□B 类□C 类□D 类				
认证	技术认证			外观认证	
认证主体	签字	日期	认证主体	签字	日期
□业主设计部			□项目主设计师		
□业主采购部			□业主设计部		
□业主项目部					
□技术顾问					
□监理单位					
□工程总承包商					
备　　注	1.《工程材料设备样品认证单》按土建(TJ)、幕墙(MQ)、精装(JZ)、机电(JD)、园林(YL)五大类及其下属分部进行分类编辑成册(台账)。编号分别对应 T3FY-TJ/MQ/JZ-001、T3FY-JD-GS/NT/QD/RD-001、T3FY-YL-LH/TJ/JD-001。 2."√"选项由相应管理主体签字后生效。				

3. 材料设备认证封样计划管理

1）计划的制定与审核

由总包单位（专业承包单位）依据图纸、材料清单、项目总控计划和材料/设备到货计划制定《工程材料/设备样品认证封样计划》。认证封样计划中要体现名称、使用部位、外观认证级别、封样地点、送样主体、送样时间、封样时间及材料进场时间等时间节点。

计划编制完成后上报监理单位、建设单位项目部专业工程师进行审核。审核主要内容包括：避免出现遗漏或其他失误；结合材料的加工周期、现场施工进度综合考虑材料进场时间能否满足现场施工需求等。

2）计划跟踪

认证封样计划以周为周期，进行跟踪和比对，与施工现场的实际情况进行比对，必要时进行调整，在每周的监理例会及各专业例会上对既定封样计划进行跟踪、汇报，落实计划的实施情况。

在计划跟踪表中以白色为基础，根据目前完成状态及关注状态进行涂色表示，对逾期未完成项进行分析，及时做出补救措施；同时对计划中表示关注的各项材料进行重点监控，并随着工程的进展加入关注项。一般关注项材料为影响整体工期或是工程使用主要材料。《工程材料/设备样品认证封样计划》跟踪表见表 3-3。表中由浅灰至深灰依次表示尚未进行、未完成、已完成。

	表示已完成
	表示未完成
	表示尚未进行

进度跟踪图示

《工程材料/设备样品认证封样计划》跟踪表　　表 3-3

序号	材料名称	使用部位	品牌范围	外观认证	合同方式	封样地点	送样主体	送样时间		封样时间		材料到场时间	备注
								计划时间	实际时间	计划时间	实际时间		
土建类材料													
	A. 结构工程												
1	钢筋（6|8.|10,|12.|14.）	结构		b	D	样品间		2012/2/28	2012/2/26	2012/3/2	2012/3/2	2012/3/3	样本封样
2	钢筋（|16,|18,|20,|22,|25,|28,|32）	结构		b	D	样品间		2012/2/28	2012/2/26	2012/3/2	2012/3/2	2012/3/3	样本封样
3	直螺纹套筒（直径为 18、20、22、25、28、32）	结构		b	D	样品间		2012/2/28	2012/2/28	2012/3/2	2012/3/2	2012/3/5	样本封样
4	直螺纹变径套筒（25 变 20、32 变 25）	结构		b	D	样品间		2012/2/28	2012/2/28	2012/3/2	2012/3/2	2012/3/3	样本封样
5	焊条	结构		b	D	样品间		2012/2/22	2012/3/22	2012/3/24	2012/3/24	2012/3/25	实物封样
6	SBS 改性沥青防水卷材（低温柔性 ≤−25℃）	地下室底板、屋面、露台	东方雨虹	b	D	样品间		2011/12/24	2011/12/18	2011/12/24	2011/12/24	2011/12/19	样本封样
7	350 号石油沥青油毡	底板防水层上		b	D	样品间		2012/3/14	2012/3/13	2012/3/15	2012/3/15	2012/3/16	样本封样
8	水泥基渗透结晶型涂料	地下底板桩头防水		b	D	样品间		2012/1/8	2012/1/6	2012/1/10	2012/1/10	2012/1/12	实物封样
9	止水钢板	后浇带及底板外墙水平		b	D	样品间		2012/2/22	2012/2/22	2012/3/24	2012/3/24	2012/3/25	实物封样
10	橡胶止水带	底板后浇带		b	D	样品间		2012/2/12	2012/2/12	2012/2/15	2012/2/15	2012/2/16	样本封样

4. 建立认证封样台账

为在后续施工中检查材料做到有据可依，通过设专人负责，从封样计划第一项材料认证封样开始，建立《工程材料/设备样品认证封样台账》，并在后续继续更新、完善台账。台账编制内容包括序号、样品名称、样品照片、规格特征、品牌、使用部位、认证级别、合同方式、送样主体、封样地点、封样时间、封样编号、变更记录、备注等内容。

认证封样台账需要重点关注以下内容：

1）样品名称：封样材料需标明材料的具体名称，不得使用简称。

2）样品照片：样品的照片要求在清晰的前提下，将能够表明材料生产商及产品规格、型号的标牌包含在内。

3）规格特征：样品封样时提供的资质证明文件，编写封样材料的规格及外观、技术特征，为后续进场材料相关规格参数提供参照数据。

4）品牌：对照合同的要求检查封样材料使用的品牌是否符合要求，避免出现私自替代等现象。

5）使用部位：部分材料在具体使用部位不一样时，可能会对相关技术参数要求不一致，通过注明使用部位，方便有针对性地对相关技术指标的检查核实。

6）认证级别：根据样品认证类型的划分情况，需要设计单位认证的，需先通过设计单位的认证方可开始后续的认证流程。

7）变更记录：在特殊情况下，个别材料需要变更时，应在完成相应变更手续后，将变更意见写入《材料/设备样品封存台账》的"变更记录"栏，并再次会签新的《工程材料/设备样品认证单》，而后方可实施对原材料/设备样品的变更。

8）为了确保台账的及时性，每季度由建设单位项目部组织，监理单位负责各送样主体单位参加检查台账的完整性，确保已封样材料全部录入台账。

实际台账见图3-2。

5. 材料设备样品的存放管理

为了方便现场材料与样品随时进行核对，需在现场设立样品间。材料样品基于方便查询和使用的原则分类存放于样品间，样品间的钥匙由监理单位的专职管理人员保管，备用钥匙存放于建设单位项目部秘书处。任何单位及个人出入样品间或检查、查看样品需经过建设单位项目部、监理负责人同意。

各专业材料认证封样完成后，由监理单位负责人见证将样品分类存放于样品间内，同时监理单位见证人员在存放时应仔细核对样品是否与封样单、合同一致，避免出现在封样流转过程中私自更换样品的情况。

建设单位项目部及监理单位根据工程进展中材料封样的频繁情况，按月或季度定期对样品间进行检查，核实样品存放情况，重点检查样品间内是否存放有未进行认证封样的材料，对照台账一一核实样品避免有遗漏。

材料封样室的情况见图3-3。

3.1.3 材料设备进场验收管理

1. 联合检查验收

为把好材料进场检验关、做好进货接收时的检验工作，在材料进场时，建设单位、监理单位、设计单位、施工单位等共同参加联合检查验收。

在对该批材料相关性能及要求熟悉的情况下，对进场材料的相关质量证明文件进行检查。检查内容包括：材料生产厂家的相关资质证明文件、材料生产合格证、材料出厂质量证明文件、型式检验报告、（进出口材料需提供报关单及商检报告）、材料是否被列入国家或地区禁止、淘汰产品等内容。对于提供的相关质量文件如型式检验报告等有异议时，采用电话或网络等方式进行求证检查。

现场验收时携带封样单或实体样品进行比对，通过看、摸、敲击等方式对材料外观进行检查。每种材料第一批进场时必须同实体样品进行对比检查，对于涉及外观装饰面的材料需提前通知设计单位，由设计单位对材料的色泽、光泽度等进行确认。

精装类

样板层精装材料封样明细

序号	样品名称	样品照片	规格特征	送样品牌	使用部位	外观级别	合同方式	送样主体	封样地点	封样时间	封样编号	变更记录	备注
1	75系列隔墙墙骨		75*50*0.6 75*40*0.6	北新建材	办公室隔墙	b	D	北京建工	T3封样间	2012.12.9	T3-JZ-001	无	建筑封样认证单\精装专业\T3-JZ-001.pdf
2	50系列吊顶龙骨		19*50*0.5 15*50*1 38*12*1	北新建材	卫生间、走廊、电梯井吊顶	b	D	北京建工	T3封样间	2012.12.9	T3-JZ-002	无	建筑封样认证单\精装专业\T3-JZ-002.pdf
3	纸面石膏板		200*2400*1mm	北新建材	办公室Z字型造型墙	b	D	北京建工	T3封样间	2012.12.18	T3-JZ-003	无	建筑封样认证单\精装专业\T3-JZ-003.pdf
4	纸面石膏板		1200*2400*9.5mm	北新建材	走廊、电梯厅吊顶	b	D	北京建工	T3封样间	2012.12.18	T3-JZ-004	无	建筑封样认证单\精装专业\T3-JZ-004.pdf
5	防水石膏板		规格:1200*2400*9.5mm	北新建材	卫生间吊顶	b	D	北京建工	T3封样间	2012.12.18	T3-JZ-005	无	建筑封样认证单\精装专业\T3-JZ-005.pdf
6	干拌砂浆			金隅	卫生间	b	D	北京建工	T3封样间	2012.12.3	T3-JZ-006	无	建筑封样认证单\精装专业\T3-JZ-006.pdf

图 3-2 工程材料/设备样品封样认证台账

图 3-3　材料封样室

2. 抽样检测

根据相关规范及合同要求对需要进行复试的材料或对材料质量有异议的进行见证取样送检复试，见证取样前由施工单位将第三方检测单位的相关资质证明文件报送监理单位，由监理单位进行查证。

见证取样应在现场对材料进行随机抽取，并由监理单位监督见证送达第三方检测单位。取样时做好实时拍照记录及填报见证记录单。对于暂时不能送样的材料做好保存工作，不得私自更换，必要时返回见证过程，以确保见证的真实性。

在材料复试报告报送至监理单位后，对复试报告进行仔细的审核，确定复试结果及核对复试报告内使用部位、材料检测依据等信息，合格后及时签署材料报验单，避免影响材料的使用。

为保证本工程高端写字楼品质，特别对各类装饰装修材料进行了环保性能抽检，材料进场报验时，供货单位必须提供针对本批材料的环保检验报告，监理单位、总包单位依据环保检测规范和管理规定，对进场材料抽样送建设单位指定的环保检测部门检测，检测合格方可使用。

根据本工程特点，建设单位委托监理单位对本工程材料环保检测工作负责。每种品牌材料检测 2 次，首批进场材料抽检 1 次，施工过程中不定期抽检 1 次。施工单位提供运输工具并配合监理单位抽样送检。监理单位建立材料环保检测台账，定期向建设单位汇报材料检测情况时，当材料抽检出现异常情况时，监理单位应及时向建设单位汇报，实际抽测情况见表 3-4。

材料环保抽检情况统计　　　　　　　　　　　　　表 3-4

序号	材料名称	检测标准	检测内容	取样方法	检测次数	备注
1	卫生洁具	GB 6566—2001	放射性	0.5kg/份 3 份	1 次/品牌	
2	瓷砖/马赛克	GB 6566—2001	放射性	2kg	2 次/品牌	
3	内墙、公共区涂料	GB 18582—2001	挥发性有机化合物、游离甲醛、重金属	2kg 或相近包装	2 次/品牌	
4	粉刷石膏、嵌缝石膏	GB 6566—2001	放射性	2kg	2 次/品牌	
5	耐水腻子	GB 18582—2001	挥发性有机化合物、游离甲醛、重金属	2kg 或相近包装	2 次/品牌	
6	石材及石材踢脚线	GB 6566—2001	放射性	2kg	2 次/品牌	
7	石材及瓷砖勾缝剂	GB 18583—2001	游离甲醛、苯、甲苯＋二甲苯、总挥发性有机物	5kg 3 份	2 次/品牌	
8	防水材料	GB 50325—2001	挥发性有机化合物、游离甲醛、重金属	2kg 或相近包装	2 次/品牌	
9	界面剂、791胶、建筑密封胶、玻璃胶、油漆、白乳胶	GB 18583—2001	游离甲醛、苯、甲苯＋二甲苯、总挥发性有机物	2kg 或相近包装	2 次/品牌	
10	防腐剂、防火涂料、原子灰	GB 50325—2001	挥发性有机化合物、游离甲醛、重金属	2kg 或相近包装	2 次/品牌	

3.过程跟踪检查管理

工程施工过程中可能会出现使用材料与申报验收材料不符或由于工期较紧会出现个别材料进场后未能及时报验便开始使用的情况，由监理单位负责在日常巡视、联合巡检等工作中对进场验收后的材料进行跟踪检查，防止未报验或不合格材料用于施工现场。

4.材料退场管理

对验收不合格的材料，及时进行退场，如需在场地内暂时堆放的，应对该批材料单独存放并做好数量、厂家等信息的标识避免混淆。材料退场时，监理单位对退场材料进行监督。材料退场时做好以下工作：办理不合格材料退场纪录；提供材料退场证明；材料退场车辆的相关登记；留存退场材料现场装卸证明的照片记录等。

3.1.4 材料提量管理

本工程装修饰面材料大多由专业厂家直接供应，为了强化项目建设中材料的管理工作，保证工程建设进度、满足材料质量标准和现场使用需求，采用计划提量供应的管理方式。各分包单位依据施工图纸、总控计划及现场施工情况要提前做好材料使用统计，提出材料进场时间是否满足要求等。

某工程材料提量单　　　　　　　　　　　　　编号：007#

序号	材料名称	规格(mm)	工程量	单位	使用部位	第一批到场时间	备注
1	/	/	/	/	B02\B03 层电梯厅	无图待定	设计调整方案
2	架空地板	500＊500	35600	m²	F03-06/F11-20/F36-40 层户内办公地面	2013 年 8 月 15 日	F03-06/F11-20/F36-40 层户内办公室/各项材料与封样相同
3	亚光白墙面涂料	耐擦洗	40100	m²	F03-06/F11-20/F36-40 层户内办公墙面	2013 年 7 月 20 日	
4	亚光白顶棚涂料		36000	m²	F03-06/F11-20/F36-40 层户内办公顶棚(含设备)	2013 年 7 月 20 日	
5	门夹(上和下)	玻璃厚＝12	452	套	F03-06/F11-20/F36-40 层户内办公玻璃门五金	2013 年 11 月 1 日	
6	地锁	玻璃厚＝12	452	套		2013 年 11 月 1 日	
7	地弹簧	100KG	452	套		2013 年 11 月 1 日	
8	门拉手	玻璃厚＝12/H＝600	452	付		2013 年 11 月 1 日	
9	架空地板及地毯	500＊500	3700	m²	F03-06/F11-20/F36-40 层公共走道地面	2014 年 1 月 5 日	F03-06/F11-20/F36-40 层公共走道及合用前室/各项材料与封样相同
10	亚光白墙面涂料	耐擦洗	9700	m²	F03-06/F11-20/F36-40 层公共走道及合用前室墙面	2013 年 7 月 20 日	
11	亚光白顶棚涂料		5100	m²	F03-06/F11-20/F36-40 层公共走道及合用前室顶棚	2013 年 7 月 20 日	
12	合用前室地面砖	600＊200	525	m²	F03-06/F11-20/F36-40 层合用前室地面砖	2013 年 8 月 10 日	

图 3-4　工程材料提量单

1.职责分工

1) 分包单位：材料使用的主体，负责计算工程量并依据工程进展向总包单位提出要货申请。

2) 总包单位：材料管理主体，具体负责核对分包单位上报甲供材工程量，并编制、汇总上报甲供材计划提量单。

3) 监理单位：负责对计划提量单的初审，主要监督计划提量单材料性能是否符合设计、规范要求，工程量是否属实。

4）建设单位项目部，负责对计划提量单的终审，并监督上述各环节的执行情况。

2．提量单编制要求

1）材料计划提量单见表3-4，由工程项目施工单位按施工合同约定的材料供货范围和施工设计图纸编制。

2）材料计划提量单编制时应使用材料标准名称、标准计量单位；正确标注规格型号、主要技术参数、工况要求和材料执行标准；正确计算材料需求数量，不得粗算冒估。

3）材料计划提量单由施工单位编制、监理单位审核、建设单位项目部审核，审核无误后签字确认为准。

4）材料计划提量单编报时间应考虑材料供货周期，并在考虑计划审核周期以及到货日期的基础上提前编报。

3．提量单审核流程

见图3-5。

1）总包单位对施工单位上报的计划提量单进行初审，重点核对工程量是否属实，同时依据现场情况落实材料进场时间是否满足现状要求。

2）监理单位对总包单位上报的计划提量单进行复审，重点审核计划中甲供材料所用于的单项（单位）工程及使用时间、材料名称及其型号规格、主要技术参数、工况要求及材料需求数量等。

3）建设单位项目部对上报计划提量单进行终审，重点检查是否有超合同约定范围的供应，对所报批次的材料计划提量单的准确性和计划流转时间节点负责。

4．提量审核要点

1）材料的规格型号是否与合同及封样要求一致。例如本工程电梯厅的墙面采用石材干挂法，根据设计及规范要求石材厚度必须保证不小于25mm，此时上报的提量单需仔细检查厚度是否能够满足要求。

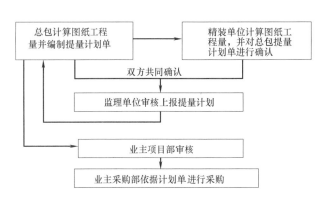

图 3-5　提量单审核流程

2）材料的技术指标是否与设计图纸要求、合同约定的一致。例如吊顶及墙面喷涂使用的乳胶漆，设计者考虑到漆膜表面的致密程度和抗粉化性能，要求耐擦洗次数必须满足1000次，因此审核涂料提量单时必须仔细审核其技术指标是否满足设计要求。

3）材料的进场时间是否满足施工计划及总控计划时间节点。为了确保工程顺利进行，采取严格的进度管控制度，分别编制了总控计划、施工计划、月进度计划。为保证计划的顺利实施，应对材料的进场时间进行对比核查。

4）工程量核对。主要控制施工单位因技术及管理水平低造成损耗率较大、材料丢失或成品破坏等，对提量单中工程量进行仔细的计算核对，确保上报工程量为图纸净量，既不能多也不能少。

例如：

（1）J标段墙面涂料施工单位提量单工程量为40163m²，与计算结果40067.3m²存在差异，考虑到涂料为可伸缩材料，且造价较低，此时可折中处理，双方互有增减，最终确定为40100.2m²。

（2）K标段墙面瓷砖施工单位报量为2879.2m²，与计算结果2860.4m²存在19m²的差异。后经核对发现施工单位在计算墙面工程量时未扣除垃圾箱面积，核对后确定2860.4m²。

3.2　工程变更管理

工程变更在工程项目建设过程中经常发生，变更因素涉及自然条件、环境因素、技术及经济原因等多方面，由合同界定其范围及处理方法。工程变更管理是工程合同管理的基本组成部分，如工程变更管理不当，不仅可能带来造价的增加，影响工程进度目标，还可能引起争议，工程参建各方的利益均会受损，工程变更管理是具有挑战性的工作。

望京SOHO—T3项目中共发生500多项工程变更及200多项工程洽商，变更文件数量多，工程变更管理得到高度的重视。对变更文件从开始制定、分发归档到实施落实等各环节均进行跟踪，确保工程变更资料和记录内容的真实有效。

在超高层写字楼项目的管理实践中，各方认识到实施严密的、精细化的工程变更管理是必要的，工程变更管理水平也是衡量建设工程项目管理成熟度的重要标志。

3.2.1　工程变更文件的分类

工程变更文件根据工程变更内容和编制单位的不同，分为建设单位通知、设计变更文件、现场签证计量单。合同价款变更单。各种工程变更文件的应用范围如下。

1. 建设单位通知

工程施工范围、施工界面划分的工程变更事项，工程材料设备供应商的确认和调整，由建设单位项目部以《建设单位通知》的方式确定。相应的工程内容、工程特征的变化由设计单位或施工单位办理设计变更文件确定。

2. 设计变更文件

工程施工图的工程内容和工程特征发生变化须办理设计变更文件，根据设计变更文件编制人的不同分为《设计变更通知单》和《工程洽商记录》两种形式。与正式施工图等效作为工程管理、施工、监理、办理工程经济变更、结算的依据，设计变更文件主要适用的工程变更事项见表3-5。

设计变更分类表　　　　　　　　　　　　　　　　　　　　　　表3-5

分类	设计问题类型	变更依据
A	修正图纸错误,补充设计缺项,优化完善设计	设计单位自主修改
B	建设单位改变设计方案、建设标准、使用功能,调整施工范围和工程内容(界面)导致施工图内容产生变更	建设单位设计部修改通知

分类	设计问题类型	变更依据
C	建设单位、施工单位确定或改变材料、设备供应商导致施工图内容产生变更	
D	施工图设计无法满足施工方案或施工工艺要求导致施工图内容产生变更	设计例会会议纪要
E	施工、监理、建设单位单位施工过程中,采用新工艺、新材料或其他技术措施等导致施工图内容产生变更	
F	已施工部位不可更改,导致施工图内容产生变更	

3. 现场签证计量单

工程施工过程中现场施工条件变化或建设单位委托合同外工作,需通过现场实测计量实物工作量时,或已施工部位需要返工的,须办理《现场签证计量单》确定工程量。由相应事项的建设单位通知或设计变更文件所引起的合同价款变更,应以《现场签证计量单》作为支持文件。

主要适用于下列工程变更事项:

1) 已施工的部位发生设计变更,实施设计变更必须的技术措施、拆改及材料设备损失。

2) 合同约定的施工现场条件复杂,无法准确用图纸表述的,以及现场条件发生变化(地质情况、地下水、地下管线及构筑物等),导致工程内容、工程特征、工程量变更。

3) 施工单位受建设单位委托承担的施工合同以外的工作,如搭建临时用房、临时设施、提供临时用工、三通一平、障碍清除等。

4. 合同价款变更单

根据合同约定需调整合同价格的要办理《合同价款变更单》,该价款变更单是双方确认合同价格变更调整的有效文件,具体报审要求见合同条件。

3.2.2 工程变更文件编制和管理

1. 设计变更文件

1) 文件编制

设计变更文件除 A 类变更事项外均须依据经建设单位书面确定的设计变更意见编制。其中:

(1) B 类变更事项由建设单位设计部确定设计变更意见。

(2) 其他类变更事项由建设单位项目部组织设计例会,由建设单位设计部/项目部/预算部(视情况)、设计单位、施工单位(总包单位)、监理单位等共同确定设计变更意见。

(3) 由于某个专业的设计变更导致其他相关专业的设计发生变化时,必须按照以下规定执行:如果属于 A/B 类变更文件,应当由设计单位或建设单位设计部负责确定所涉及的专业,并分别将各专业的变更内容完善直至最终形成正式变更文件下发;如果属于其他类变更文件,应当由总包单位负责确定所涉及的专业,并分别将各专业的变更内容完善直至最终形成正式变更文件下发。

2) 编制单位及编制格式

(1)《设计变更通知单》由设计单位编制,按照设计单位专用文件格式或北京市地方标准《建筑工程资料管理规范》通用文件格式表 C2-3《设计变更通知单》编写。

（2）《工程洽商记录》由施工单位编制，按照北京市地方标准《建筑工程资料管理规范》通用文件格式表C2-4《工程洽商记录》编写。

（3）所有分包单位工作范围的《工程洽商记录》，均由总包单位或机电分包单位负责编制。与建设单位有合同见证关系的分包单位需办理《工程洽商记录》时，可由分包单位编写并由总包单位或机电分包单位统一提出。

3）文件内容

（1）局部设计变更：施工图中的局部设计变更，《设计变更通知单》和《工程洽商记录》应以文字写明变更设计的原施工图编号，设计变更的部位、原因（或依据）及变更事项，图示部分应作为《设计变更通知单》或《工程洽商记录》的附件。

（2）整版设计变更：施工图中部分或全部图纸版次变更，以新版施工图替代原施工图，应由设计单位办理《设计变更通知单》。设计变更通知单应以文字写明设计变更原因（或依据）及变更事项、作废的原施工图编号。新版图纸作为《设计变更通知单》的附件，须注明新版图纸版次，并以"云线"示意变更部位。

（3）变更事项描述应清楚、简洁、避免歧义，并须明确现场实施情况或涉及拆改情况；变更事项中应对专业交叉及关联做出明确说明。

（4）《设计变更通知单》和《工程洽商记录》记录内容为工程技术变更，有关商务变更内容或诸如此类记载应视为无效。

4）文件编号

《设计变更通知单》和《工程洽商记录》应分单体分专业建立文件编号系统。

5）审核审批

（1）《设计变更通知单》由设计单位编写，经其专业设计人/专业负责人审核签字，提交设计例会审核，施工单位（总包单位）技术负责人、监理单位专业负责人、建设单位项目部专业负责人审核会签确认后，提交建设单位设计部审核，加盖设计确认专用章（见图3-6），并由建设单位设计部专业负责人审核及项目设计经理（或机电经理）审批签字后生效。其中机电类《设计变更通知单》"施工单位"一栏应由总包单位和机电分包单位的技术负责人双签。

（2）《工程洽商记录》由施工单位（总包单位或机电分包单位）编写，经其技术负责人审核签字（分包单位提出的《工程洽商记录》"施工单位"一栏应由总包单位或机电分包单位和相关分包单位的技术负责人双签），提交设计例会审核，经监理单位专业负责人、设计单位专业负责人、建设单位项目部专业负责人审核会签确认后，提交设计部审核，加盖设计确认专用章，并由设计部专业负责人审核及项目设计经理（或机电经理）审批签字后生效。

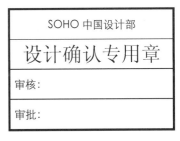

图3-6　设计确认专用章

（3）《设计变更通知单》或《工程洽商记录》凡涉及拆改的，均要求施工单位（总包单位或分包单位）在正式文件签署发出后指定时间内（以设计确认时间起4个工作日为时限），联系建设单位、监理单位、咨询公司办理《现场签证计量单》，以此作为对拆改事项的认定。正式变更洽商文件发出后，方可据此办理现场签证计量单。

6）文件发放

（1）专业分包单位需要的设计变更文件由总包单位负责加印并发放。

（2）机电分包单位所需的设计变更文件由总包单位发放。

（3）设计变更文件若为蓝图，发放份数应与正式施工图纸的发放份数一致。

2. 现场签证计量单

1）文件编制

《现场签证计量单》由总包单位或其分包单位按规定格式编写。其中与建设单位有合同关系的分包工程需办理《现场签证计量单》时，应由分包单位编写，并由总包单位或机电分包单位统一提出。

2）文件内容

（1）应明确现场签证计量依据，准确描述签证计量的原因、工程内容、工程特征、工程量、计量事项及计量原则等。

（2）工程量原则上应以图示方式表达，只有无法用图示方式表达时方可现场直接计量实物工程量。

（3）《现场签证计量单》应附彩色数码照片资料作为签证单的支持文件，照片要求有拍摄日期、拍摄主体须有参照物相对应；照片资料内容包括拍摄主体施工前及施工完成后的状况照片。附件照片应与《现场签证计量单》一样由四方签字确认。

（4）《现场签证计量单》应附详图作为签证单的支持文件，以文字即可清楚说明的事项可不附详图。附件详图应与《现场签证计量单》一样由四方签字确认。

（5）《现场签证计量单》应有工程量计算过程记录，工程量计算过程记录如不能在《现场签证计量单》中完整表达时，可另附工程量计算书。附件工程量计算书作为签证单的支持文件使用。

（6）文件内容不得包括工程价款。《现场签证计量单》中原则上不得出现与经济有关的内容（如具体费用、人工工日、机械台班等），如确实需要以经济签证形式反映实际工作内容的，须提前经建设单位预算部负责人签字同意后方可办理。

3）文件编号

同相对应的建设单位通知或设计变更文件的编号。

4）文件份数

（1）总包单位现场签证：建设单位2份，监理单位、总包单位各1份，共4份。

（2）分包单位现场签证：建设单位2份，监理单位、总包单位、分包单位各1份，共5份。

5）计价依据及计量标准

（1）项目的单价确认按合同的相关约定执行。

（2）实物工程量的计量：以现场实际测量结果计算工程量的方式，仅限于无法用图示方式表达或在实施后无法核实工程量的工作内容。合同约定必须以施工图计算工程量的不适用现场计量方式。

（3）对于合同工程量清单中所列明的项目，任何一方不得以现场计量方式变更合同约定的工程量计算规则和计量方法。如果由于一方或双方的疏忽，使现场计量结果违背合同工程量清单的约定，则计量结果无效。

6）审核审批

（1）由总包单位编写的《现场签证计量单》，由建设单位项目部组织，经监理单位、建设单位项目部（必要时，设计部参与）确认工程事件，经建设单位预算部（或咨询公司）确认工程量后生效。

（2）由分包单位编写的《现场签证计量单》，由建设单位项目部组织，经总包单位或机电分包单位、监理单位、建设单位项目部（必要时，设计部参与）确认工程事件，经建设单位预算部（或咨询公司）确认工程量后生效。

（3）发生现场签证事件2个工作日内，施工单位（总包单位或分包单位）完成《现场签证计量单》编制，由总包单位或机电分包单位统一报送监理单位、建设单位项目部及预算部。

（4）建设单位项目部组织各方（施工单位、监理单位、建设单位预算部），于2个工作日内共同对《现场签证计量单》进行现场核实，按上述原则分别对工程事件、工程量现场确认后，完成各方会签。

3.2.3 监理单位的管理职责

1）监理单位负责工程变更文件的统筹管理。

2）监理单位负责跟踪设计例会设计问题的解决、设计变更文件签署及其执行。

3）由监理单位建立工程变更文件编号系统。

4）由监理单位建立工程变更文件台账。台账内容应具体详尽，记录每一工程变更文件的编号、内容、时间、施工单位、执行及完成情况等。

5）监理单位须跟踪工程变更文件的执行、完成情况。具体工作如下：

（1）工程变更应作为监理重点内容，督促施工单位按照文件确定的工程内容、工程特征完成工程变更，并及时验收。

（2）监理单位应对工程变更实施前的部位、状态、特征及时进行见证，特别是隐蔽工程的工程变更，发现工程变更文件与现场情况不一致时，需及时通知建设单位项目部。

（3）监理单位须跟踪检查工程变更文件的执行情况，对施工方不按工程变更文件施工、不按时完成、验收不合格或不经监理验收而进行下道工序的情况，应提请建设单位处罚责任单位，并反映在工程变更台账中。

（4）经建设单位检查，工程变更未及时实施或未正确实施造成工程损失的，建设单位将追究施工单位和监理单位责任。

（5）监理单位每月更新工程变更的台账，每月15日随月报量向建设单位项目部和预算部报送工程变更最新台账、当月（截至10日）分类分析统计报告。

（6）监理单位在竣工时应向建设单位项目部和预算部提供全部工程变更的总台账、分类分析统计报告。

3.2.4 其他管理要求

1）各单位、部门应指定专人负责工程变更文件的往来、收发、存档等工作。

2）总包单位在收到正式下发的变更文件后，应当于1个工作日内转发给所有相关专业分包单位，由于迟发或漏发至相关专业分包单位所导致的工期延误或损失由总包单位承担相应的责任。

3）设计单位、施工单位、监理单位、建设单位各单位/部门应明确工程变更文件签认的授权人，非授权人签认的文件无效。

4）各单位、部门应严格按照管理规定的时限完成工作，在签认工程变更文件时须注明签认日期。任何单位超过时限要求，造成工期延误或损失的由责任方承担相应的责任。

5）设计单位、施工单位（总包单位）原则上应在相应工程实施前至少25天提出设计变更问题，并在相应工程实施前至少15天完成设计变更文件审核审批，办理完签字盖章。

6）为便于各方对工程变更工作的管理，一份工程变更文件最多不得超过5项变更事项。

7）工程变更须按管理规定完成变更文件审核审批，办理完文件签认生效后方能实施。但特殊紧急情况下，可由建设单位设计经理和项目经理同意，联合签字认可后实施。施工单位（总包单位）须在15日内补办正式工程变更文件签认手续，未经建设单位同意，过期后补的工程变更文件建设单位可以不予签认。

3.2.5 设计例会的组织管理

工程自开工之日起建立设计例会制度，设计例会制度作为处理解决工程设计问题的主要工作机制和方式取得了明显效果，设计例会由建设单位项目部负责会议的组织和管理；建设单位设计部负责设计问题处理意见和处理方式的确定；监理单位负责主持设计例会、会议记录和文件会签。建设单位项目部、设计部、预算部（视需要）、相关设计单位（包括深化设计单位）、监理、总包及有关分包、机电顾问等单位/部门，根据每周设计问题的内容确定相关技术人员参加会议。原则上提出设计问题或设计修改意见的人应参加会议，其他参加人员由建设单位项目部安排。

设计例会的组织管理情况如下。

1. 设计例会前的工作

1）工程各施工、监理、咨询、顾问和工程管理单位/部门，在工程施工、管理过程中发现施工图设计问题或根据工程需要提出设计修改意见均以书面形式（附电子文件）向设计例会提出，其中分包的设计问题和设计修改意见由总包或机电分包单位汇总提出。设计问题或设计修改意见的提出应在该部位施工前25天，并在该部位施工前15天完成相应设计变更文件的各方签章。

2）监理单位负责每周设计问题收集、汇总、整理，总包单位、机电分包单位、监理单位、建设单位项目部每周定期将本周新的设计问题分别汇总至监理单位（其中与建设单位有合同见证关系的分包单位应提前提交至总包单位或机电分包单位），监理单位将《设计问题汇总表》发至建设单位项目部/设计部/预算部、总包单位、机电分包单位。建设单位将设计问题发至相关设计单位，以便设计单位做相应的会议准备。

3）与会各单位在会前自行准备以下文件：

（1）上周《设计例会会议纪要》。

（2）本周《设计问题汇总表》。

（3）设计单位、总包单位或机电分包单位还应依据上周《设计例会会议纪要》形成设计变更文件（终稿），并携带足够份数赴会。

2. 设计例会中的主要工作

1）检查上周设计问题处理意见的执行情况，主要检查设计单位、总包单位、机电分包单位是否已按上周会议纪要形成有关设计变更文件。

2）共同研究各专业共性设计问题和专业间配合问题，逐条确定处理意见和处理方式。

3）分组（土建/精装组、机电组）研究本专业设计问题，逐条确定处理意见和处理方式。

4）监理单位向与会人员核实确认所记录的内容（若有新问题的出现，需手写记录），与会各单位/部门会签《设计例会会议纪要》。

5）监理单位印发《设计例会会议纪要》，相关单位依此执行会议确定的设计问题处理意见和处理方式。

6）参会各单位相应人员，对上周的设计变更文件进行集中会签（包括加盖设计确认专用章），使这些设计变更文件当会生效。

3. 设计例会的记录

1）监理单位直接在《设计问题汇总表》上填写会议记录。

2）会上若提出新的设计问题，监理单位在空白行手填会议记录。

3）会后以此形成《设计例会会议纪要》，各方核实无误、会签后印发。

4. 变更文件的会签

每周设计例会确定的设计变更文件必须在下周设计例会中当会完成会签、盖章，使文件生效。为确保到会的有关上周的设计变更文件能在本次例会中高效会签，各单位非常重视变更文件的提前编制、审核与再整理，在本次例会前取得对上周设计变更文件的内容、格式等的一致认可，会签工作情况如下。

1）周四14：00召开设计例会。

2）设计变更通知单：

（1）设计单位周五、周一进行编制，并于周一16：00前发建设单位设计部。

（2）建设单位设计部当天群发至项目部/预算部、监理单位、总包单位、机电分包单位等。

（3）建设单位项目部/预算部、监理单位、总包单位或机电分包单位于周二14：00前将意见反馈至建设单位设计部。

（4）建设单位设计部将意见汇总，连同新一周的《设计问题汇总表》，当天发给设计单位。

（5）设计单位再整理后形成终稿，准备足够份数带到周四下期例会上，各单位会后会签。

（6）各单位未按时反馈意见的，视为无意见。

3）工程洽商记录：

（1）总包单位或机电分包单位周五、周一进行编制，并于周一16：00前群发至设计单位、建设单位项目部/设计部/预算部、监理单位。

（2）设计单位、建设单位项目部/设计部/预算部、监理单位于周二16：00前将意见反馈至总包单位或机电分包单位。

（3）总包单位或机电分包单位再整理后形成终稿，准备足够份数带到周四下期例会上，各单位会后会签。

（4）各单位未按时反馈意见的，视为无意见。

为保证最高效的方式解决工程设计问题，建设单位提出了以下要求：参会各方相关人员不得无故缺席设计例会；各单位授权签字、盖章人员必须参加设计例会，若确有其他原因不能参加会议的，必须提前指定相应的代签人员，以保证设计变更文件当会会签；设计单位相关人员必须在施工现场办公；建设单位设计部相关人员必须在施工现场办公；建设单位预算部相关人员（或咨询公司）必须在施工现场办公；建设单位设计部设计确认专用章必须在施工现场保存或备份；各单位必须严格遵守所有变更文件的传签及收发时间，到规定定稿的时间仍没有反馈意见的则等同认可，视为无异议，以上要求得到了参建各方的响应和执行。

3.2.6 工程变更管理

部分表格见附录 E。

3.3 工程样板管理

"方案先行，样板引路"是工程管理的基本原则，工程样板是在大面积施工前，按实际设计、材料、施工及管理进行的，是工程准备阶段的重要工作。通过工程样板的实施，能够及早发现和解决施工过程中较易出现的技术和管理问题，经过建设单位、设计单位、监理单位、施工单位专业人员共同检查验收后，可作为大面积施工的材料、工艺和质量的实物标准。

在望京 SOHO—T3 项目现场所有施工均遵循了工程样板制度，依照现行的国家、北京市法律、法规、规程、规范、图集、标准，施工图纸，深化设计图纸，施工方案及技术交底，建设单位的相关要求等进行样板施工、检查及审批等，并按照经审批的工程样板实施大面积施工。

3.3.1 工程样板计划

1）根据总控进度计划，分别编制土建、机电、精装、市政、园林专业相关的样板施工计划，原则上每项工序都应实施施工样板，见表 3-6。

2）总包单位在施工过程的月计划、周报中，应包括本月、本周详尽的工程样板计划。

样板施工计划（局部）　　　　　　　　　　　　　表 3-6

序号	样板名称	样板部位	样板完成时间	各方验收会签时间	施工内容	验收人
一、土建类样板						
A. 基础底板施工阶段						
3	底板防水	AH-AM/A1-A8 轴间	2011.12.25	2011.12.27	防水卷材附加层、大面铺贴	B
C. 初装修施工阶段						
7	屋面防水	5 层北侧退层小屋面	2012.11.1	2012.11.5	基层清理、防水施工、蓄水试验	B
二、幕墙类样板						
2	龙骨安装	六层 2-A-2-D/2-19 轴外	2012.9.1	2012.9.10	幕墙龙骨安装	C
三、精装类样板						
1	走廊吊顶样板	F4 层南走廊 3-6 轴处	2013 年 7 月 13 日	2013 年 7 月 16 日	吊顶龙骨及基层板安装	B

序号	样板名称	样板部位	样板完成时间	各方验收会签时间	施工内容	验收人
四、机电类样板						
A. 给排水工程						
1	卫生间器具样板	与精装样板区相同	2013.4.1	2013.4.5	洁具安装、密封处理	C
B. 暖通工程						
1	风管及风阀安装施工样板	地下三层车库	2012.5.14	2012.5.22	风管安装、支吊架及风阀安装	C
C. 强电工程						
4	灯具\开关、面板安装		2012.9.1	2012.9.5	吊链灯、线槽灯、筒灯等	C

注：建设单位验收人：A 主管工程师＋项目经理＋设计师；B 主管工程师＋项目经理；C 主管工程师

3.3.2　工程样板部位和项目

1. 土建

1）结构施工阶段重点在柱、梁、板钢筋加工绑扎，地下防水施工、混凝土浇筑抹面、钢结构焊缝表面、防火涂料完成面等工序。

2）初装修阶段重点在地面施工、砌筑施工、抹灰施工、防水施工、门窗、幕墙安装、栏杆安装、地面铺装、防火门、防火卷帘安装等。

2. 机电

1）预留预埋在建筑结构施工中，预留预埋在墙内板内的，其施工工序过程的工艺施工样板均在第一个土建施工段内操作安装，经监理单位、建设单位确认通过后，以图片形式留档备查，各方签字认可并在后续施工和检查时与图片进行对比。

2）机电各专业的工艺作法在一层某一区域内将电气、通风空调、给排水、消防等多个专业系统施工工艺流程中涉及的各工序施工样板，完整地进行示范性操作安装，经自检、预检合格后，报监理单位、建设单位检验合格后，以实物形式留在场内封存，并辅以图片形式留档备查。

3. 精装

1）商业区样板包括大堂造型天花、墙面石材、水磨石地面及不锈钢安装工程等。

2）办公区样板包括墙面抹灰及涂料喷刷、卫生间瓷砖、台面及防水施工、吊顶涂料喷涂、地面架空地板及石材铺贴施工、幕墙上下口封修施工等。

3.3.3　工程样板的管理措施

样板施工前施工单位要先编制各项施工方案，施工方案经监理单位审核后，在各项工程大面积施工前进行。在样板施工过程中进行分析总结，明确质量控制点、施工工艺、重难点，保证预控管理效果。

1）总包单位编制施工方案，并报监理单位批准。

2）在施工样板施工前必须充分做好其所需材料的选样、封样、采购和进场工作，并对需要进行检测的材料进行检测和见证取样，且检测必须合格。对于外观有严格要求的材料，须经监理单位、建设单位认可。

3）建立土建、机电、精装的移交标准及程序，为后续大面积施工提供依据。

4）深化设计在施工前必须完成审批。主体结构施工时，机电预埋管要严格按深化设计图纸要求，与结构施工同时进行。

5）由施工单位，按照施工图、批准的深化设计图纸、方案和技术要求，向各专业施工人员进行安全技术交底，明确质量目标、施工工艺及各专业施工相互配合的有关事项，不得影响其他专业施工。

6）总包单位事先制定成品保护管理办法。

3.3.4 工程样板验收

1. 样板的验收原则

1）保证各分项验收符合设计及规程、规范技术以及特殊要求，又要达到协调美观大方的标准。

2）根据施工样板的重要性确定相应级别的建设单位验收人。具体分为 A 类、B 类、C 类，对应验收组的组成如下：

A 类：主管工程师＋项目经理＋设计师

B 类：主管工程师＋项目经理

C 类：主管工程师

2. 样板的验收方法

1）目测法：采用看、摸、敲、照等手法进行检查。

2）量测法：采用靠、吊、量、套等方法进行检查。

3）试验法：进行现场试验或试验检测等手段取得数据，分析判断质量情况。

3. 样板的验收流程

见图 3-7。

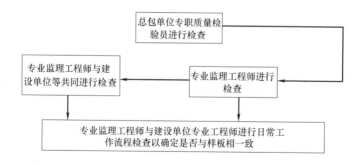

图 3-7 样板验收流程图

4. 样板验收记录

1）施工样板的验收记录由《施工样板工程检查记录表》（图 3-8）、《施工样板照片》（表 3-7）、书面技术交底三部分组成。其中样板照片不仅包括验收通过后的照片留存，也包括过程中隐蔽工序的照片留存。

2）建设单位、监理单位、总包单位对样板的验收记录、台账分别存档。建设单位除存档书面文档，还在共享目录中存档电子版，并随时更新。

3）工程样板由监理单位负责建立台账及更新，定期提交建设单位相关负责人，样板台账记录见表 3-8。

样板工程检查记录表		编号	T3YB-JD-NT-001
工程名称	3号塔楼(办公、商业)、3号商业楼、人防出入口、地下部分C区工程		
样板检查项目	人防通风密闭钢管	检查日期	2012.5.2
样板检查部位	7-8/A-C轴　标高－10.45米		

检查依据:施工图图号:M-G-2005

设计变更:

洽商　　(编号:　　　)及有关国家现行标准等。

主要材料名称及规格/型号:___3mm厚钢板　5mm厚钢板___

预检内容:1.按施工图纸、施工规范、技术交底要求施工。2.套管加工符合规范要求。焊接处饱满、无绞渣、裂纹、虚焊和气孔等缺陷,焊接处药皮清理干净。3.套管内部已进行除锈及防腐处理。4.套管安装牢固、定位准确、管口封闭严密。

检查意见:
　　经检查符合设计要求及《通风与空调工程施工质量验收规范》要求,同意验收。

检查结论:☑同意　　　　　　　□不同意,修改后进行复检

复检结论:

复查人:　　　　　　复查日期:　　年　月　日

建设(监理)单位	施工单位	中建一局集团建设发展有限公司	
	专业技术负责人	专业质检员	专业工长

图3-8　样板工程检查记录

样板照片记录 表 3-7

	（贴照片处）

样板名称	施工部位	施工内容	施工时间

样板施工记录台账（局部） 表 3-8

序号	样板名称	样板照片	施工单位	样板位置	样板编号	时间	验收人	变更记录	备注
一、土建类样板									
1	墙体钢筋		中建一局发展	B4 层	T3YB-TJ-013	2012.04.06	王××	无	
二、幕墙类样板									
1	幕墙上口封修		武汉凌云	四层	T3YB-MQ-008	2012.12.24	王××	无	
三、精装类样板									
1	办公区造型门钢架		北京建工	四层	T3-YB-003	2013.7.21	方××	无	
四、机电类样板									
A. 给排水工程									
1	A 型刚性防水套管		中建一局发展	8-9 轴/H-J 轴	T3YB-JD-GS-001	2012.04.23	岳××	无	无
B. 暖通工程									
1	F4 层风管及风阀安装		中建一局发展	3-11-3-12/3-C 轴	T3YB-JD-NT-007	2013.1.25	岳××	无	无
C. 强电工程									
1	墙体暗配管		中建一局发展	8-9 轴/J-H 轴	T2YB-JD-QD-001	2012.04.23	李××	无	无

3.3.5 样板保护措施

1) 工程样板执行总包单位制定的成品保护措施。总包单位负责对所有施工样板部位的标牌进行统一制作，见图 3-9，标牌要求外形美观醒目、质地结实耐用。

2) 样板位置尽可能集中设置，以方便维护、管理。

3) 对部分专业不能集中施工，且易造成破损、污染的施工样板，采取临时围护措施，做明显标识，并指定专人进行维护、管理。

4) 对重要部位的隐蔽过程工序样板，在场地外设置专门的展示区域，按施工顺序分别制作各工序施工样板并留存，以便各相关人员随时查看。

图 3-9　样板部位标牌

3.3.6 施工过程中的质量控制

1) 所有工程施工应严格贯彻施工样板制，样板不通过不得展开大面积施工。

2) 对于施工样板质量控制点，监理单位进行旁站监理，及时发现和解决存在的质量问题。

3) 对于施工样板施工过程中施工单位存在的质量问题，建设单位、设计单位对施工样板提出修改意见，监理单位督促施工单位及时进行整改和完善。

4) 样板施工结合深化设计图纸，控制好各专业的施工工艺。

5) 严格按深化图纸要求进行施工，尤其注意重点部位的标高、位置等。

6) 按规定进行初装交机电，机电交精装，初装交精装的移交工作，确保工序衔接。

7) 各专业施工人员进行施工样板培训学习，熟练掌握各专业的施工工艺作法后，方可进行施工作业。

望京 SOHO—T3 项目先后实施样板共计六大类、125 项次，其中幕墙、钢结构、结构板边、防水、机电、精装修等样板的实施取得了明显的效果，体现出工程精细化管理的高水平。

3.4　安全文明施工管理

现代工程建设过程中，安全文明施工管理已成为关键性工作，建设单位、监理单位、施工单位均认识到安全文明施工管理对企业形象、项目形象和综合效益的重大影响，各参建单位都愿意创建安全文明样板示范项目以展示自身实力与管理水平。在超高层建筑工程的安全文明施工管理中，普遍将安全生产与文明施工有机结合，实施全员、全过程、全方位的管理，实现守法依规、建章建制、目标管控，创建绿色安全工地、创建绿色施工示范工地等也成为合同约定的管理目标。在安全文明施工管理创新中，标准化管理、危险源控制等取得了明显实效，对实现以人为本、绿色环保起到了促进作用，安全文明施工管理日趋完备精细。

超高层建筑项目工程量大、技术复杂，露天、高空作业多，平行流水、立体交叉作业多，对高空安全防护要求严；施工周期长，跨越冬季和雨季，易赶工增大安全风险；施工工序多、配合复杂，新技术、新工艺、新材料、新设备应用多，施工准备工作量大，基坑支护和地基处理复杂，施工用地周边环境复杂，给施工安全管理带来很大的困难。要确保安全监管体系的正常运行，确保各项施工方案审批手续的完善，确保安全教育的有效落实，加强交叉作业的安全防护，有效管控重大危险源，落实施工消防的临时设施等。

望京SOHO—T3项目是北京望京地区地标性建筑，社会关注度较高，建设单位在工程合同中明确约定了安全管理要求及详细的奖惩措施。开工初始，建设单位积极组织各参建单位落实安全管理、履行社会责任。各施工单位秉承安全至上的原则，编制项目安全生产策划书，完善安全管理手段，对安全风险源分析并制定出有效的控制措施，在实施前及实施中进行监控，在工程施工中始终贯彻"安全第一、预防为主、综合治理"的管理方针，有效执行国家、北京市及属地安全生产管理的各项规定，把安全生产工作纳入施工组织设计和施工管理计划，并积极推行标准化管理。监理单位针对现场情况，制定了项目安全监理方案和安全监理细则，针对项目提出易发生危险的重点关注项，制定了验收、巡视、检查的制度，注重对安全文明管理及安全设施等方面的监控。

以下介绍安全文明施工标准化管理及重大危险源监控等的实际情况。

3.4.1　安全施工标准化管理

1. 安全管理目标

死亡、重伤事故为零；负伤事故频率控制在5‰；不发生火灾、急性中毒事故，不发生重大机械事故；不发生重大交通事故、食品卫生事件；按照北京市政府文明安全工地标准执行，创建北京市"绿色施工文明安全样板工地"（图3-10），保持和达到文明安全施工要求。

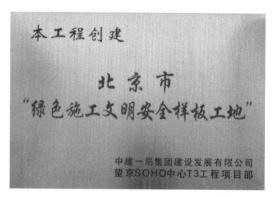

图3-10　创建北京市"绿色施工文明安全样板工地"公示

2. 安全管理保障措施

1）编制并落实专项方案及预案

根据北京市"绿色施工文明安全工地"的各项要求，并结合项目工程实际，针对现场的施工用电、脚手架、大型机械、临边洞口防护、消防保卫、环境保护及文明施工等方面，总包单位编制了详细的施工方案和预案共五十余份。

监理单位按照相关规范要求及现场实际情况进行审批，监理单位经公司安全组及项目总监理工程师、项目安全工程师等审批，提出修改完善意见共200多条，在现场实际实施过程中严格监控方案的执行情况。

2）制定并落实各项管理制度

各分包单位与总包方签订安全生产协议书，作为合同附件。明确总包单位、分包单位安全生产责任，保证安全生产工作的严肃性，避免以包代管、以罚代管。项目坚持入场工人三级安全教育和考试制度，培训考试合格率达100%，现场安全生产宣传警示情况见图3-11。

对各进场分包单位的安全生产资质进行严格的审核，并对其年审情况进行跟踪管理，相应资质资料根据有关规定报监理单位审批，并在项目备案。各劳务队伍及分包单位均在其营业执照范围内承担施工任务。项目部管理人员必须经安全生产考核合格后方可上岗。

塔吊司机、信号工、架子工、电工、电气焊工、防水工等特殊工种必须持证上岗，持证人员经项目安全部审查、备案后，方可

图3-11 现场安全生产宣传警示牌

进入施工现场进行操作。鉴于特殊工种证件存在伪造情况，监理单位要求总包单位出具特殊工种证件网上查询结果，并附承诺书，确保其证件真实有效。

3）实施安全联合检查

监理单位每周组织现场绿色文明安全施工联合检查，项目总监理工程师、总监代表、安全工程师及各专业负责人等相关人员参加联合检查，对检查中发现的各项问题记录汇总下发，责任到人，限期整

图3-12 安全联合检查

改，复查销项，安全联合检查情况见图3-12，检查记录见图3-13。

周安全联合检查记录			编号	安检-084
工程名称	3号编楼(办公,商业),3号商业楼、人防出入口、地下部分C区		日期	2013年11月25日
参加人员	建设单位： 总包单位：	监理单位： 分包单位：	监理工程师	
监理复查意见：			监理工程师：	
巡查内容问题事项		项目部回复：		
照片： 	问题1： 　宿舍存在私拉电线问题。 要求整改内容： 　立即整改	整改措施：	整改后照片：	
照片：	问题2：	整改措施：	整改后照片：	

图3-13 安全联检记录

3. 落实安全标准化

1) 生活区管理

生活区相关配套设施齐全，根据《北京市建设工程施工现场生活区设置和管理标准》的要求及建委安全管理部门规定，宿舍内设置鞋架、碗筷架等，冬季统一采用空调取暖，情况见图 3-14、图 3-15。

图 3-14　农民工生活区情况　　　　　　图 3-15　农民工宿舍情况

2) 现场、料具管理

现场材料按区域码放整齐，并设有标识牌，易燃物堆放区放置足够数量的消防器材，情况见图 3-16、图 3-17。

图 3-16　木料堆放区

3) 脚手架管理

脚手架搭设应严格按照方案执行，并在搭设完成后上报验收，验收合格后方可使用，情况见图 3-18。

4) 安全防护管理

图 3-17　脚手架钢管堆放区　　　　　　　　　　图 3-18　模板支架

在施工过程中严格按照市建委的相关要求,脚手架搭设、安全防护搭设和安全通道搭设实现标准化、规范化。要求施工单位各相关部门加强对现场防护的巡查和维护工作,确保安全生产,现场安全防护情况见图 3-19、图 3-20。

图 3-19　基坑临边防护　　　　　　　　　　图 3-20　楼层临边防护

5) 施工用电管理

严格遵循"三级配电、逐级保护"的原则。所有配电箱都统一标识,标明所控制的各线路称谓、编号、用途、责任人等,标好系统图,并做好有效防护,施工用电防护见图 3-21、图 3-22。

图 3-21　箱式变压器的防护　　　　　　　　图 3-22　一级配电柜的防护

6）起重吊装管理

所有塔吊办理使用登记备案手续，经相关单位验收、检测合格后使用。使用期间，总包单位督促塔吊租赁公司定期进行维护保养、检查，包括垂直度观测、防雷接地检测，并留有记录，确保其安全运行，情况见图3-23、图3-24。

图 3-23　现场群塔作业　　　　　　　图 3-24　动臂塔安全验收牌

7）机械安全管理

现场各种机械、设备严格按照方案的要求进行配置，机械的防护实施标准化（图3-25、图3-26），机械操作规程交底落实到操作人员，所有机械指定专人负责使用及维护，机械操作人员必须持证上岗，定期保养和维护，施工机械必须经过总包单位及监理单位验收合格后使用。

图 3-25　钢筋加工区防护　　　　　　图 3-26　木工加工区防护

8）消防保卫管理

总包单位制定了重大安全事故、防汛、防寒、消防等各种特殊情况下的应急预案，并根据预案要求配备了相应管理人员和物资储备，组织现场工人进行消防演练和急救演练。现场消防水源采用市政供水，在现场设置消防泵房、消防水箱、消防水泵。现场按照规范要求设置室外环网和室外消火栓，塔楼设置消防立管，每层设置一个消火栓，所有消火栓处均配置水带、水枪。生活区共设置2个室外消火栓，室外环网埋地。冬施期间，所有明露消防管均采用电伴热保温，设专人进行检查和维护，消防设施及演练情况见图3-27、图3-28。

图 3-27　临时消防设施

图 3-28　现场消防演习

3.4.2　绿色施工管理

近年，北京市空气污染治理任务艰巨，要求施工现场最大程度地避免扬尘污染，望京SOHO—T3项目建设单位高度重视此项工作，组织各参建单位全面履行社会责任，确定的绿色、文明施工管理目标，对工程实施绿地文明施工管理、创建绿色环保工程。

1. 绿色施工管理目标

1）创建绿色施工工地，控制扬尘污染。确保施工现场实现"五个100％"；即：沙土100％覆盖；工地路面100％硬化；出入工地车辆100％冲洗车轮；拆除房屋的工地100％洒水压尘；暂时不开发的空地100％绿化。非操作面的裸露地面、长期存放（一天以上）的沙土采用密目网进行覆盖，或采取绿化、固化措施。

2）协调总包单位及各分包单位共同订立环保管理总目标，最终创建样板工地。

3）实施全过程监控，全面预防道路遗撒、光污染、噪声扰民等事件，保障工程顺利实施。

2. 文明施工管理监控标准

1）总包单位规范场容，围墙、大门等有统一标准，与周围环境协调一致。

2）总包单位对区域统一管理、专人负责，创造整洁、有序、安全的作业环境。为避免生活区与施工区的相互影响，实现施工区与生活区完全分开，并在施工区与生活区设立出入口，严格出入管理。

3）检查现场内主要道路情况，路面应全部硬化、平整坚实，做到黄土不露天；检查排水系统设置，实现晴天不扬尘，雨天不积水。

4）检查施工现场加工区设备、设施状态及环保措施到位情况；抽查钢筋、木材、水泥、砌块、模板等材料堆放场地及大型设施机械布置是否符合平面图规定。

5）检查消防通道保证畅通，消防器材布置合理；督促施工单位设专人指挥施工现场内的交通，人员、车辆分流。

6）总包单位对暂设工程统一设计、统一建造、统一管理，并经相关政府主管部门审批及监理单位的审查。

7）总包单位建立实行文明施工责任区制度，从制度上落实文明施工工作。根据合同内容、施工范围、施工区域等划分文明施工责任区，做到责任落实到位、落实到班组、落实到每一个作业人员。

8）建立垃圾及厕所的管理制度，总包单位设专人负责管理，监理单位定时检查，发现问题及时纠正。必要时采取经济处罚手段。

3. 绿色施工监理管理措施

1）按照行政主管部门法律、法规、标准、文件中有关绿色、文明施工的要求实施监理，落实项目总监理工程师负责制，并承担绿色、文明施工监理责任。

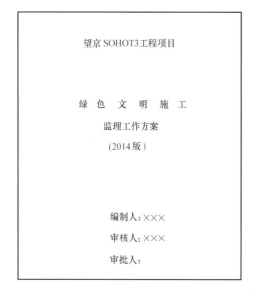

望京SOHOT3工程项目

绿 色 文 明 施 工

监理工作方案

(2014版)

编制人：×××

审核人：×××

审批人：

图 3-29　绿色文明施工监理工作方案

（1）结合项目实际情况，编制并落实《绿色文明施工监理工作方案》（图 3-29）。

（2）对工程建设的扬尘控制负全面的检查、监督、管理责任，审查总包单位及各分包单位施工组织设计中的环境保护、扬尘控制制度并提出意见和进行监督实施、审查总包及分包单位的环境保护、扬尘控制措施并监督执行。

（3）审查施工组织设计及其他施工方案中的绿色、文明施工措施是否符合工程有关标准。

（4）审查施工单位编制的《大风沙尘天气施工现场扬尘污染控制施工预案》及落实情况。

（5）加强绿色、文明施工巡视，发现环境污染隐患及时要求施工单位整改，情况严重的应及时报告建设单位，并要求施工单位暂停施工及时进行整改，施工单位拒不整改或者不停止施工的，监理单位及时向有关主管部门报告。

2）每周监理例会中，扬尘控制需做专项汇报，通报扬尘控制情况，提出下周扬尘控制要求，及时消除扬尘控制隐患。

3）不定期组织由监理单位、总包单位及各分包单位参加的联合扬尘控制大检查，对总包单位及分包单位扬尘控制情况进行全面、系统的检查，对存在的问题限期整改。总包单位及各分包单位在收到扬尘控制整改通知单后，应及时对存在的问题进行整改，对因故不能立即整改的问题，应采取临时措施，并制定整改计划报监理单位和建设单位备案。

4）不定期召开绿色、文明施工专题会议，由项目总监理工程师或指定监理人员主持，施工单位项目负责人和现场环境管理员等相关人员参加。监理人员做好会议记录，及时整理会议纪要。会议纪要应及时要求与会各方会签，及时发至相关各方执行。

5）日常巡视检查

监理人员对施工场地的沙土、路面、垃圾站、细颗粒建筑材料的扬尘污染措施、相应的覆盖材料等进行定期巡视检查。监理单位每日对现场扬尘清理情况进行排查，逐层巡视后填写现场扬尘防治验收日报（图 3-30），日报中体现每层清理情况以及存在问题。每日完成记录后及时发送相关单位并督促施工单位进行整改。

监理人员按照相关规定填写扬尘控制日志，检查表自行整理存档，并留存影像资料。

监理单位负责汇总扬尘控制检查中的问题,并书面下发总包单位。总包单位在规定时间内书面回复整改情况报告,相关资料按规定存档。

4. 文明施工管理的经济手段

根据建设单位编制的《SOHO中国施工现场扬尘控制管理办法》(图3-31),对于违反施工现场扬尘控制管理规章制度的行为,建设单位及监理单位可以进行处罚。监理单位现场监督、检查总包单位及各分包单位扬尘控制措施的执行情况,同时采取定期和不定期的形式,对施工现场进行全面检查或重点检查,对违反扬尘控制管理规定的有关单位和个人,根据情况出具整改通知单、提出批评、通报、警告、罚款、停工整改,直至建议清除出场。

图 3-30 扬尘防治验收日报   图 3-31 SOHO 中国施工现场扬尘控制管理办法

3.4.3 重大危险源监控

望京 SOHO-T3 项目为建筑高度最高的主塔楼,檐口高度 200.00m、结构高度 179.67m,属于超高层建筑,其主要危险源包括:

1) 深基坑支护安全风险大。工程±0.000 绝对标高为 37.15m,地下 3 层、局部 4 层,B3 层槽底标高−19.6m,B4 层槽底标高−22.96m,局部深坑达−28.61m,还包括基坑临边防护、帷幕桩冻胀、地下水控制等安全风险因素。

2) 地下室多处超重大梁的模板支撑体系,需进行专家论证,属于危险性较大工程。其中地下二层梁最大截面尺寸 900mm×2100mm,板最大截面厚度 400mm。

3) 结构施工期间,外框钢结构与核心筒结构、幕墙安装同时错层交叉作业,临边防护措施安全管理难度增大;外框钢结构压型钢板在钢结构施工楼层铺设,结构施工楼层进行钢筋、混凝土施工、幕墙埋件埋设施工,多单位多工序交叉作业,楼层间防护措施成为施工过程中的重大安全管理难点。

4) 核心筒结构施工采用液压爬模,属于危险性较大工程。液压爬模技术发展快,本项目存在部分参建人员缺少相关技术及管理经验,多种型号的爬模爬架共同使用,结构洞口宽度大,需多次修改调整等难题,需要解决模架防坠、安全防护、临时消防、人员通行、材料堆放等方面的困难。

5）幕墙安装施工属于危险性较大工程，是结构施工后期安全管理的重点。T3 幕墙工程高度为 200m，包括商业、所有人防出入口及下沉广场，幕墙类型含单元式玻璃幕墙、框架式玻璃幕墙、铝板幕墙、石材幕墙、铝合金百叶、玻璃门、屋顶拉伸铝合金板网、雨篷等。

1. 液压爬模安全管理情况

1）按规定组织专项方案论证，论证通过后实施，论证报告见图 3-32。

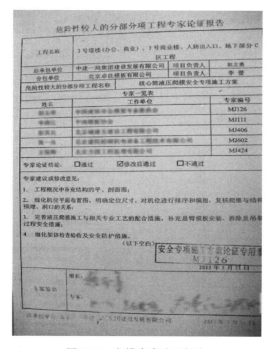

图 3-32　爬模专家论证报告

2）根据《液压爬升模板技术规程》（JGJ 195—2010）中 4.2.4 条规定，锥形承载接头、承载螺栓、挂钩连接座等进行材料复检。对于液压爬模上主要受力构件进行焊接检测探伤，由专业检测机构对现场使用的附墙装置、插销换向盒等进行第三方探伤，并出具检测报告，以确保爬模关键部件的可靠性，检测项目见表 3-9。

爬模关键部件专业检测项目　　　　　　　　　　　　表 3-9

重爬模连接焊缝磁粉探伤	轻爬模连接焊缝磁粉探伤	井筒平台活动支腿	悬臂挂架三脚架
承重三脚架立杆	横梁钩头	井筒平台活动支腿连接焊缝磁粉探伤	悬臂挂架三脚架连接焊缝磁粉探伤
附墙挂座	埋件挂座		
附墙座	防坠爬升器		
防坠爬升器	导轨		
导轨			
原材超声波探伤			
轻爬模防坠爬升器轴	轻爬模防坠爬升器轴		轻爬模、重爬模通用承重插销

3）检查液压动力装置（图 3-33～图 3-35），包括泵站、液压油缸、防坠爬升器、液压油路等，由专业分包单位提供证明文件；控制整个液压系统，由经专业分包单位培训合格的人员专人操作，操作人员上岗证见图 3-36。

图 3-33　液压油缸

图 3-34　泵站

图 3-35　液压油路

4）对照方案，现场核查液压爬模的主要参数。

（1）架体系统

① 架体支承跨度：≤7m（相邻埋件点之间距离，特殊情况除外）

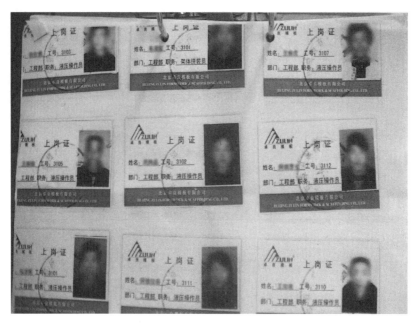

图 3-36　爬模液压装置操作人员上岗证

② 架体高度：14.42m

③ 架体宽度：主平台为 2.8m，模板平台为 1.20m，液压操作平台为 2.60m，吊平台为 1.80m

（2）作业层数及施工荷载

上平台≤3kN/m²（爬升时 0kN/m²），模板平台≤0.75kN/m²，主平台≤1.5kN/m²，液压操作平台≤1.5kN/m²，吊平台≤0.75kN/m²。

（3）电控液压升降系统

① 额定推力：100kN；最大工作推力 133kN

② 双缸同步误差：≤20mm

5）安全检查要点

由于爬模施工需在墙体钢筋内留置爬锥，爬锥位置往往与墙体钢筋冲突，现场实际施工过程中会出现爬锥的位置处的钢筋被切割，甚至可能出现横、竖向钢筋均被切断的情况。要求总包单位与设计单位确定断筋的补强办法，在实际执行时需要严格落实。监理单位注意对爬锥部位进行重点监控，除钢筋隐检时的检验外还要加强巡视，避免出现随意断筋的情况。

核心筒端部、井筒内采用悬臂挂架，此挂架无液压爬升系统，完全依靠塔吊进行提升。外挂架被提起后，处于悬空状态危险性较人。由于外挂架间距较小，提升后不易入位，每次提升前需将下方施工区域拉设警戒线禁止人员进入，爬模操作人员与信号工、塔司密切配合，无关人员禁止靠近提升架体，操作人员系好安全带。

爬模拆除工作进行前应将架体上所有物料清理干净，确保无易掉落的杂物，避免吊运时发生高处坠落事故。拆除时利用塔吊将爬模整体吊起后，拆除附墙装置，使架体悬空，整榀吊运至首层进行拆除分解。在拆除区域下方应提前拉设警戒线并禁止人员穿行、作业。

2. 外防护安全管理情况

1) 交叉作业硬防护

结构施工期间，外框钢结构作业与核心筒结构施工、幕墙安装施工同时错层交叉作业，临边防护尤为重要。为防止发生高坠、物体打击等安全事故，在低楼层区域（F12层）设置一道全楼层临边硬防护措施，搭设方式如下：

防护棚主梁采用 6m 长 [16 槽钢，挑出结构板边 4m，水平间距小于等于 3m 设置，楼板处采用两排 C20 钢筋地锚固定，悬挑端采用 D16 钢丝绳斜拉进行固定，主梁下降板边线处焊接 100mm 宽 [8 槽钢限位。次梁采用 4m 长，$\varphi 48 \times 3.5$ 钢管，在钢梁悬挑部分间距 800mm 设置，用镀锌铁丝绑扎固定。防护棚面板采用 4000mm×250mm×50mm 木板作为防护满铺在次梁上，并用 4mm 镀锌铁丝绑扎牢固。防护棚周边采用 $\varphi 48 \times 3.5$ 钢管搭设临边防护栏杆，立杆设置在槽钢上，通过钢筋地锚进行固定，水平钢管间距 600mm，起步钢管高出防护棚 200mm，防护栏立面满挂密目网，防护栏底部设置 180mm 高挡脚板。上一楼层设置一道水平挑网，从结构降板线向外挑出 4m，硬防护搭设见图 3-37。

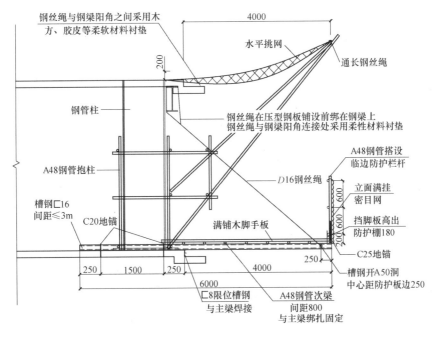

图 3-37 硬防护搭设示意

2) 幕墙悬挑操作架

望京 SOHO-T3 逐层内收的体型给幕墙安装带来困难，经反复对比后确定采用分层段搭设悬挑操作架的方案，悬挑操作架立杆的纵距主要为 1.5m，立杆的横距为 0.9m，立杆的步距为 1.80m；局部设 18 号工字钢悬挑架，加设保险斜拉 $\varphi 14$ 钢丝绳卸载，钢丝绳每道梁设置一根；立杆采用单立管；内排架距离墙长度为 0.5m；连墙件采用两步三跨，竖向间距 3.60m，水平间距 4.50m，采用抱柱连接或通过预埋件焊接固定连接，悬挑操作架

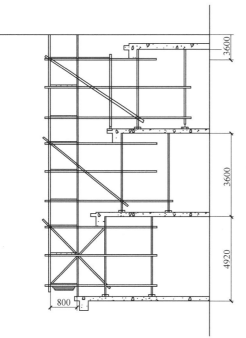

图 3-38　幕墙悬挑操作脚手架

见图 3-38。

幕墙悬挑脚手架，不仅对施工作业面形成有效的防护措施，同时对以下楼层临边作业，包括退台屋面防水、设备层结构施工等，均形成安全防护。

3）硬防护及悬挑架检查管理要点

硬防护作为不上人防护措施，在搭设完成后，后期日常检查尤为关键。随着结构施工的进行，在防护木板上明显可见散落的混凝土碎块、木方等遗撒，个别尺寸较大。日常检查中重点关注禁止进入硬防护悬挑板区域的封闭措施；并督促施工单位加强对施工人员对此部位危险性的安全教育；随时观察地锚与钢梁连接处是否出现松动、钢丝绳是否持续受力、上方安全网内杂物是否及时清理等。

幕墙悬挑操作架在验收时，着重查有否防护不到位、易发生物体坠落的部位，包括检查挡脚板、水平兜网、立面防护网等；同时检查是否在上一层板底设置供操作人员悬挂安全带措施；对于架体，检查是否进行抱柱、钢管支撑是否顶紧压型钢板及紧贴钢梁；在框架幕墙安装完成后需拆除操作架进行单元体安装，此时临边防护极为薄弱，由总包单位及时搭设钢管式临边防护，确保临边防护安全有效。

3.5　工程品质管理

3.5.1　曲线结构测量定位管理

望京 SOHO-T3 塔楼立面为曲线，逐层内收向上呈自然弧形，每层的建筑外轮廓线均为不同的曲线，无标准层和标准构件，也无正交轴线，立面及平面见图 3-39、图 3-40。

曲线结构每层定位点多、不规则，如采用一般建筑工程铅垂仪、钢尺竖向传递的测量方法，难以保证测量定位精度，如所有定位点均采用全站仪测设，并由不同内控点出发进行校核，能够保证精度要求，但定位校核耗时过长，在工程施工前，建设单位、监理单位及总包单位组织在现场空地进行了一次模拟定位放线，估计每层结构工期增加一天以上，对整体工期及施工成本均有明显影响，超高层曲线结构板边测量定位成为工程管理的重点和难点，为保证测量定位的准确性、提高工作效率，经建设单位、各总包单位、各监理单位共同研究，T1、T2、T3 项目均建立了有效的管理体系，制订了可行的技术方案，以下介绍具体情况。

1. 测量定位管理体系

图 3-39　建筑立面图

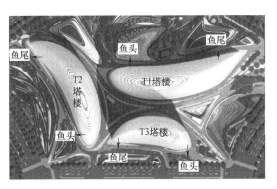

图 3-40　建筑平面图

1）T1 塔楼板边测量定位体系

T1 塔楼项目部考虑到高校理论基础扎实，并且有更为先进的仪器设备，而总包实践经验丰富，能形成优势互补，总包单位邀请某大学测量课题组，试行"院地合作"。

某大学课题组进驻现场后，经研究图纸、现场踏勘及多方讨论后初步提出设想：按照轴线关系定位，全站仪复核，可解决精度与速度的关系。同时引进 GPS 测量手段，其优点是不受现场条件限制，可多点、多次校核。

"院地合作"由大学提供理论指导和技术支持，直接服务于工程，成为项目测量管理体系的基础。

2）T2 塔楼板边测量定位体系

T2 塔楼项目部成立了工程板边测量定位体系管理团队，各职能小组分工明确，职责清晰具体。

（1）测量组职责：

① 组长：负责现场总控轴线、标高控制、内控点控制的复核和测设及测量移交。

② 组员：负责现场细部放线、模板轴线、标高控制。

（2）深化组职责

按照施工图纸、设计、规范要求，对弧形边线进行细化，出深化图。

（3）质量组职责

按照规范和方案要求，对定位轴线、标高进行复测检查。

（4）技术组职责

落实定位坐标网格深化工作，做好过程报审和交底工作。巡查现场施工状态，核查是否按照方案要求落实施工，及时发现、处理现场存在问题。

3）T3 塔楼板边测量定位体系

针对复杂的建筑结构形式，T3 塔楼项目部成立了测量管理组，统一对工程测量工作进行管理。

总包单位负责整体测量控制，并在楼层提供标高基准点和轴线基准线。专业分包进场后进行移交，各专业分包单位在总承包单位提供的基准点和控制网的基础上，放出细部控制线，确保整个工程的测量控制在一个测控网内，结构测量内控点见图 3-41。

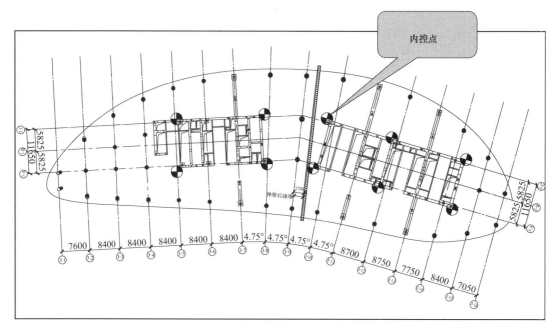

图 3-41 T3 塔结构测量内控点平面布置

　　总包单位协助建设单位、监理单位对各专业分包单位的细部线进行复核验收，以控制其放线精度，在幕墙施工室内装修施工阶段，与幕墙、内装修分包单位移交场区控制点、楼层轴线和标高控制点，并对幕墙和内装修施工的标高和轴线进行核查。

　　2. 板边定位测量控制方案

　　1) T1 塔楼板边测量定位方案

　　(1) 测量方案的基本思路：

　　为提高精度并避免技术性错误，测绘与校核采用不同的方法体系，相互独立。项目部成立两个课题组：课题 1 组以总包人员为主，大学为辅；课题 2 组以大学为主，总包人员为辅。

　　首先，两组分别进行定位图纸深化设计。之后，进入现场测量复核阶段。由于每一道施工工序都可能带来误差，各工序穿插间须进行多道复核。

　　① 初始放线：1 组按照定位点和轴线关系放线；2 组按照直角坐标第一遍复核。

　　② 模板支设后：2 组进行第二遍复核。

　　③ 混凝土浇筑完成后：2 组进行第三遍复核。

　　④ 幕墙安装前：幕墙单位对结构实体及预埋件进行第四遍复核。

　　⑤ 幕墙铝板安装时：依靠 BIM 模型，指导幕墙安装放线定位。

　　(2) 板边定位图纸深化

　　① 1 组和 2 组采用相同的方法进行定位图深化。按照建设单位项目部、设计部共同讨论结果，所有圆弧部位采用折线拟合的办法，弦高应小于 25mm。1 组和 2 组均采用二分法（图 3-42），即连接中点与一端端点作弦线，取该弦线中点至圆弧距离，若小于 25mm 则保留两个端点，若大于 25mm 重复以上步骤直到满足精度要求，最后 1 组和 2 组核实无误，定位点选取完全一致，作为成果复核的基础。

②1组和2组采用不同的方法解算定位点坐标。现场测绘及校核过程中，1组使用激光铅垂仪、卷尺和经纬仪初始定位，2组采用全站仪和GPS多次复核，不同的方法需要不同的数据支持，也就需要不同的坐标解算方法。

1组定位点坐标解算方法：将深化设计图纸中确定的点位提取，在CAD图纸中测量并标注出此点位与周边轴网的相对关系，由此定出该点，如图3-43所示。

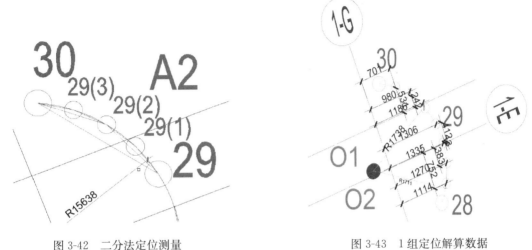

图 3-42　二分法定位测量　　　　　　　　图 3-43　1组定位解算数据

2组解算定位点坐标解算方法：为了给全站仪和GPS提供数据支持，同时为了避免CAD图纸中直接测量带来的误差，按照上述模型和公式进行坐标解算，计算出所有定位点的直角坐标，如图3-44。

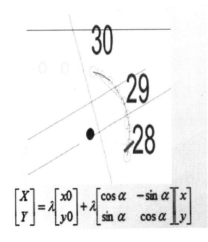

$$\begin{bmatrix} X \\ Y \end{bmatrix} = \lambda \begin{bmatrix} x0 \\ y0 \end{bmatrix} + \lambda \begin{bmatrix} \cos\alpha & -\sin\alpha \\ \sin\alpha & \cos\alpha \end{bmatrix} \begin{bmatrix} x \\ y \end{bmatrix}$$

首层板边定位深化设计坐标			
弧段	点号	X坐标	Y坐标
A1	28	314297.004	510742.422
	28(1)	314297.228	510742.753
	28(2)	314297.525	510743.022
	28(3)	314297.877	510743.215
	29	314298.263	510743.320
A2	29(1)	314298.662	510743.287
	29(2)	314299.060	510743.254
	29(3)	314299.425	510743.086
	30	314299.742	510742.839

图 3-44　2组定位解算数据

（3）方案实施

①混凝土强度达到上人标准后，1组投射内控点，然后按照定位点与轴线关系放线定位。为减少各层累积误差，使用激光铅垂仪，自首层内控点向上投射。

②2组紧随其后，利用全站仪对所有定位点进行复核，并存储记录复核成果。为避免对进度造成影响，此工作在合同中明确要求，须在1组完成放线后半小时内完成。

③ 模板支设工序，是产生结构误差的一个重要环节，也是管理的重点之一，需进行复核。模板支设完成后，由 2 组进行第二遍复核。继续使用全站仪进行复核理论上虽可行，但实际困难是，在模板上全站仪无法调平，支模后在其他区域又不能满足通视。通过引进 GPS 进行复核，能在任意点支设且能同时对平面定位和高程进行复核。为提高测量精度，将每个定位点设定读数 300 次，每秒读数一次，自动存储并计算平均值。

④ 混凝土浇筑完成后，2 组利用全站仪对混凝土板边进行第三遍复核，采集板边点坐标，在 CAD 图纸中复核。

⑤ 幕墙安装前，为及时发现结构实体以及测量体系的问题，幕墙单位每层混凝土浇筑完成后，立即用全站仪进行结构实体以及预埋件位置复核，作好记录，与总包单位核对数据。

⑥ 幕墙铝板安装时，依靠 BIM 模型，指导幕墙安装放线定位。局部铝板为曲面，折线部位铝板角度也各不相同，传统的平面图需要计算才能得出各控制点坐标，并且不直观，应用 BIM 技术，可以直接导出三维坐标，输入到全站仪或 GPS 中，将每个坐标点施放于实地，并进行复核对比。

2）T2 塔楼板边测量定位方案

（1）标高及轴线控制点的布设

依据勘测公司提供的水准点，进行校测、引测及复测后，作为标准水准点进行建筑物的标高抄测。

根据布设的轴线控制网基准点及施工过程中流水段的划分，在建筑物内做内控点（每一流水段至少 2～3 个内控基准点），埋设在首层相应偏离上面所列控制轴线 1m 的位置（±0.00 顶板处预埋 50×150 的铁件）。竖向投测前，对钢板基准点控制网进行校测，校测精度不低于建筑物平面控制网的精度，以确保轴线竖向传递精度，内控点布设见图 3-45。

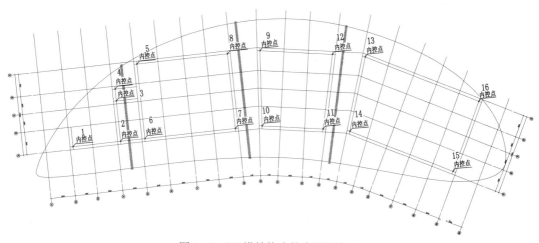

图 3-45　T2 塔结构内控点平面布置

（2）针对不同部位，采用全站仪以坐标法，依据深化图纸所得弧形边线坐标点（坐标点根据弦高≤25mm 的要求进行深化得出）进行放样。特殊部位依据定位图所使用圆心加圆弧半径的放样方法，具体深化图纸及对应点坐标（局部）见图 3-46。

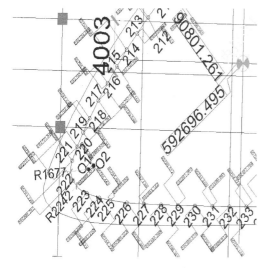

221	−314523.886	510500.730
222	−314523.781	510499.202
223	−314522.488	510498.208
224	−314521.341	510497.874
225	−314520.302	510497.676
226	−314518.720	510497.499
227	−314517.128	510497.408
228	−314515.531	510497.355
229	−314513.932	510497.312
230	−314512.333	510497.276
231	−314510.734	510497.248
232	−314509.134	510497.227
233	−314507.535	510497.214
鱼尾 01	−314522.345	510500.069
鱼尾 02	−314521.861	510500.361

图 3-46　T2 塔圆弧半径放样数据

（3）已完成混凝土楼板处预放上层弧形边线点。为保证所放边线点不因为支撑体系施工过程中的扰动发生位移，所有弧形板边线放线均采用在下层已浇筑完成的混凝土楼板上预放，并通过吊垂线的方法引致上层完成后的水平模板上。待边线点引测完成后再支设侧模，见图 3-47、图 3-48。

图 3-47　T2 塔混凝土楼板预放上层弧形板边点位

图 3-48　T2 塔水平模板板边

（4）测量工作经自检、互检合格后，将成果资料报送总包单位验线。实测时要做好原始记录，要求测量记录必须原始真实，数字正确，内容完整。记录人员应随时校对观测所得数据是否正确。现场完成弧形结构混凝土施工，拆除侧梆模板后进行结构实体边线复核工作。

（5）板边测量过程控制

① 对弧度较大区域的钢筋，加工长度必须按照弧线区域结构形式做到扇面形态变化，在翻样过程中，将局部弧度较大区域板钢筋进行编号管理，对加工完成的钢筋进行编号放置，切实保证钢筋绑扎符合结构特点，满足保护层厚度要求。

② 弧形梁模板鱼头、鱼尾部分内、外侧采用 5mm 厚胶合板，或内、外侧采用 10mm 厚竹胶板。底模采用 15mm 厚胶合板。梁侧模板采用钢筋支撑，其他采用钢管支撑。在弧

度较小区域侧模采用 10mm 胶合板＋木方背楞形式施工，经过现场实体放样，将胶合板挤压至近似接近于设计弧度的要求，形成符合图纸要求的弧度，保证实体完成后的边线尺寸；在弧度较大区域侧模选用双层 5mm 胶合板＋钢筋的形式施工，将模板约束成为所需的弧度，支撑强度应满足浇筑需求。先对弧形结构进行放线定位，根据定位弧度，在现场对弧形模板进行放样，保证弧形结构弧度的准确性。

3）T3 塔楼板边测量定位方案

（1）外挑檐结构设计修改。为了解决钢柱环板与幕墙干涉问题，以及加快结构施工进度，为装修插入和最后的工期保证创造条件，将挑檐板由混凝土板改为铺设压型钢板后再浇筑混凝土，修改示意如图 3-49。

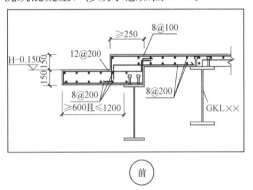 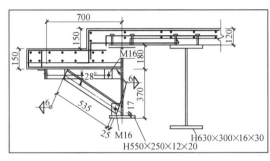

图 3-49　挑檐修改前后对比

（2）板边定位的测控。挑檐部位改为铺设压型钢板浇筑混凝土后，T3 的板边定位线利用压型钢板长度和宽度进行控制，方法如下：

① 将板边线按照压型钢板宽度 600mm 划分单元。

② 将板边控制线的定位点转换为与钢梁中心线的距离关系，绘制定位控制图如图 3-50。

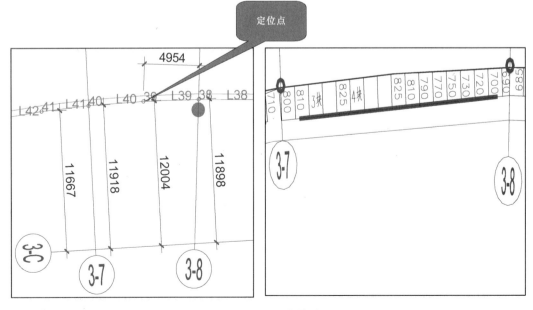

图 3-50　压型板定位关系

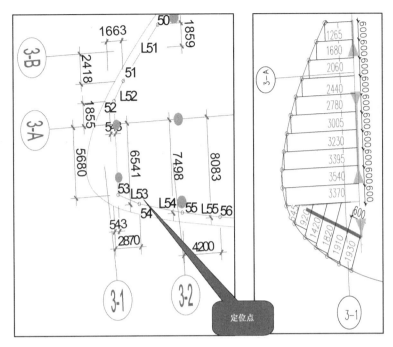

图 3-50 压型板定位关系（续）

③ 根据定位图绘制挑板压型钢板排板图，见图 3-51，明确起铺点位置和铺设方向。

④ 工厂加工不同长度的压型钢板，分部位标注编号，打捆进场安装。

（3）钢梁中心线复核。压型钢板排板图依据钢梁中心线定出，钢梁中心线的位置直接影响压型钢板的板边，现场起铺点标注以前，必须对钢结构边梁中心线进行复核，当钢梁中心线偏差大于 2cm 时，必须对压型钢板板边线进行调整。

（4）现场压型钢板铺设前，根据审批通过的排板图在钢梁上标注起铺点，压型钢板铺设时，根据起铺点及铺板方向进行压型钢板铺设，见图 3-52、图 3-53。

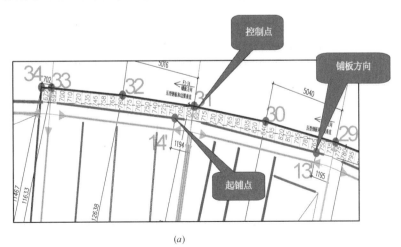

(a)

图 3-51　压型钢板排板图

(a) 鱼背处

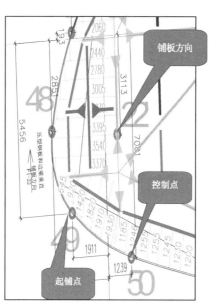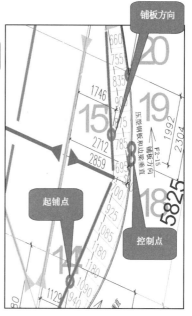

(b)

图 3-51 压型钢板排板图（续）

(b) 鱼背及鱼头部位

图 3-52 钢梁顶面标注的起铺点

图 3-53 按起铺点铺设压型钢板

（5）板边控制点复核。压型钢板铺设完成后，用钢尺及全站仪对板边控制点进行复核，控制点必须确保每一轴跨至少复核一个点以上。首先采用 AutoCAD 建立电子数字图形，依照施工设计图纸按 1∶1 的比例，将设计图形展绘在绘图软件中。测量放样数据模型绘制完成后，利用 AutoCAD 的命令查询出放样部位的坐标数据，采用计算机自动查询的方法来获取需要的测量放样数据，见图 3-54。

压型钢板铺设完成后，利用全站仪对板边控制点进行测量，当板边误差大于 2cm 时，对板边进行调整，板边线满足要求后，方可绑扎钢筋，浇筑混凝土。

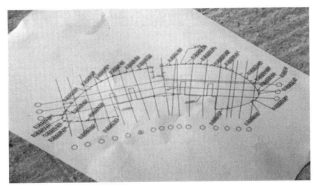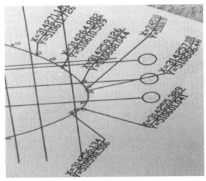

图 3-54　模型数据放样

3. 板边定位管理效果

1）T1 塔楼板边定位效果

以塔楼二层东四段为例，复核工作的数据记录表明：全站仪第一遍复核最大误差
−7mm，最小误差−1mm；GPS 第二遍复核最大误差−10mm，最小误差为−1mm；全站
仪实体第三遍复核最大误差＋7mm，最小为 0mm，复核数据见表 3-10。

T1 塔二层板边复核数据　　　　　　　　　　　　　　　表 3-10

点号	首层全站仪复核	GPS 测模板线	浇筑完边线
73	−7	−10	−5
8	−3	−4	0
7	−1	−2	+3
6	−7	−6	−3
5	−2	−1	0
4	+2	−1	+4
3	−3	+3	+7
2	−1	−2	0
72	+1	−1	+5
1	−1	+2	+7

注：1. 第二栏为首层由全站仪测量复核的结果；第三栏为二层支模后由 GPS 测量复核的结果；第四栏为二层打完
　　　混凝土后由全站仪测量复核的结果。
　　2. 表格中数据单位为毫米（mm），正的数值表示超出结构板边定位线，负的数值表示不足结构板边定位线。

从数据可以看出，结构误差均控制在 10mm 以内，且大部分为负误差，满足要求。

2）T2 塔楼板边定位效果

现场完成弧形结构混凝土施工，拆除侧梆模板后进行结构实体边线复核工作，弧形结
构测量定位点（首层鱼头处弧形板边缘）核查情况见表 3-11。

T2 塔板边复核数据　　　　　　　　　　　　　　　表 3-11

定位点位	X 坐标			Y 坐标		
	图纸坐标	实测坐标	偏差 mm	图纸坐标	实测坐标	偏差 mm
83	−314365.969	−314365.966	3	510478.800	510478.802	2
84	−314364.439	−314364.440	1	510479.231	510479.228	3

定位点位	X 坐标			Y 坐标		
	图纸坐标	实测坐标	偏差 mm	图纸坐标	实测坐标	偏差 mm
85	−314363.748	−314363.744	4	510479.495	510479.496	1
86	−314363.078	−314363.077	1	510479.808	510479.809	1
87	−314363.073	−314363.076	2	510480.428	510480.430	2
88	−314361.198	−314361.197	2	510481.213	510481.212	1
89	−314360.510	−314360.513	3	510482.164	510482.165	1
90	−314360.026	−314360.024	2	510483.238	510483.241	3
91	−314359.711	−314359.709	2	510484.378	510484.380	2
92	−314359.514	−314359.517	3	510485.647	510485.646	1

以上数据可以看出，结构边线误差均控制在 5mm 以内，满足要求。

3）T3 塔楼板边定位效果

楼板混凝土浇筑完成后，利用全站仪对板边控制点进行测量，对于鱼头及鱼尾部分，采用拉钢尺进行复核。塔楼二层鱼头部位板边复核结果见图 3-55，括号内数值为复核偏差值。

以塔楼二层板边复核为例，全站仪复核鱼背及鱼腹部位最大误差−10mm，最小误差 0mm，鱼头及鱼尾腹部位最大误差−20mm，最小误差 0mm。板边误差均控制在 20mm 以内，满足要求。

各塔楼实体效果见图 3-56、图 3-57、图 3-58。

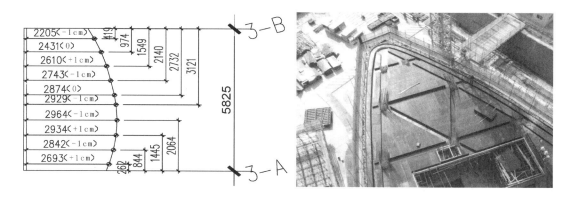

图 3-55　T3 塔板边复核数据　　　　　　图 3-56　T1 塔平面曲线实际效果

望京 SOHO-T3 项目结构板边的复杂弧线定位中，全面应用了全站仪、GPS、3D 扫描等技术，使放线精度有了保障，在控制点通过全站仪定位的同时，其他点采用常规的放线措施实现，验线时原则上采用不同的控制点来校核，这样既保证了放线精度，也能大幅度提高效率。复杂弧线通过直线段的拟合实现，通过合理选择直线段的长度，能够保证测量定位的准确性、提高工作效率，直线过长时复杂弧线无法实现，过短时造成放线、复核、加工、安装的工程量成倍增加，对进度控制和成本控制都非常不利。T3 项目经过建

图 3-57　T2 塔弧形板边实际效果　　　　　图 3-58　T3 塔平面曲线实际效果

设单位、设计单位、总包单位、监理单位等研究，通过实体样板的施工，将可以接受的最大误差作为控制的标准，确定了基本数据。

望京 SOHO-T3 项目地上 45 层、12 万 m²，没有标准层，施工单位对全部板边压型钢板绘制了深化图，经各相关单位审核后交付工厂定制生产，每块钢板都有独立的编号，从深化设计、加工生产、运输、二次搬运、安装都根据编号进行管理，经复核均符合精度要求，是施工精细化管理的一个显著成果。

3.5.2　工程防渗漏管理

目前在我国，建筑渗漏已成为除建筑结构之外影响建筑质量的第二大问题，《2013 年全国建筑渗漏状况调查项目报告》中抽样调查了建筑屋面样本 2849 个，建筑屋面样本中有 2716 个出现不同程度渗漏，渗漏率达到 95.33%，抽样调查了地下建筑样本 1777 个，地下建筑样本中有 1022 个出现不同程度渗漏，渗漏率达到 57.51%。据北京建筑工程司法鉴定中心的数据显示，有 1/4 的法律纠纷是因为住宅建筑渗漏引发的。近年来，公之于媒体的渗漏案例越来越多，2013 年 10 月住建部发布《住房城乡建设部关于深入开展全国工程质量专项治理工作的通知》（建质 [2013] 149 号），将渗漏列入建筑工程质量通病之首，并规划用五年时间进行重点专项治理。

在工程中，只有重视防水质量的管控，并在设计、材料、施工及维护等各方面做好工作，才能有效地降低渗漏比率。望京 SOHO-T3 项目的节点深化、过程管控、渗漏治理等采取了细致、有效的措施，取得了明显的成效。

1. 地下防水的细部节点管控

1）细化混凝土灌注桩头防水细部节点

桩头混凝土表面及周圈 200mm 范围内采用水泥基渗透结晶防水层，外铺 4mm＋4mm 的 SBS 防水卷材，钢筋根部裹绕一圈 20mm×30mm 遇水膨胀止水条（缓膨型），构造见图 3-59。

桩头防水施工检查控制要点：凿出桩头至设计标高位置，暴露的桩身部分清除泥土、浮浆、松动的碎石等；用水泥基渗透结晶型防水材料涂刷桩顶表面、暴露的桩身及周圈 250mm 范围，涂刷用量约 1.5kg/m²（控制防水涂层厚度）；桩钢筋周围缠绕 20mm×30mm 的 BW 遇水膨胀止水条；卷材铺贴至桩身，并用专用配套改性沥青涂料封口，实施

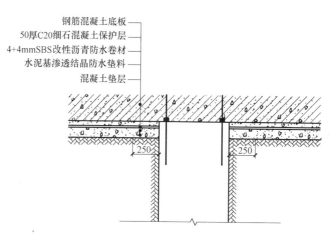

钢筋混凝土底板
50厚C20细石混凝土保护层
4+4mmSBS改性沥青防水卷材
水泥基渗透结晶防水垫料
混凝土垫层

250   250

图 3-59 桩头防水细部构造

情况见图 3-60。

图 3-60 桩头防水构造施工情况

2）完善地下室防水层的保护措施

地下室底板采用 4mm＋4mm 的 SBS 卷材防水，点粘 350 号石油沥青油毡保护层，50mm 厚 C20 细石混凝土保护层。地下 4 层边坡的面积和坡度较大，防水保护层施工困难。在二区斜坡处及集水坑边坡的 SBS 改性沥青防水卷材施工完成后，将原 50mm 厚的细石混凝土保护层改为挂钢丝网后抹水泥砂浆，见图 3-61。

底板卷材防水施工中，为了防止钢筋对防水及防水保护层的破坏，斜坡处钢筋下方焊 T 字型支腿，支腿底部垫防水卷材头或木块，做法见图 3-62。

图 3-61 基础底板深基坑立面防水保护层

图 3-62　防水层防穿保护措施

3）保证地下室外墙狭小空间的防水质量

由于地下室外墙与基坑边坡距离过近，施工作业面受限，加大外墙防水施工难度，而且地下湿度大，边坡不断渗水，局部护壁脱落，存在较大安全隐患，情况见图 3-63。

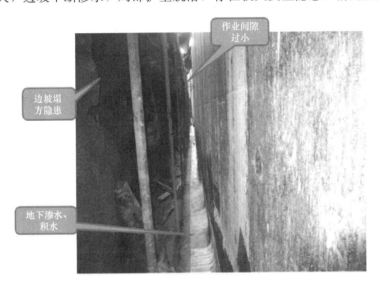

图 3-63　地下室外墙防水作业条件

在加强质量控制的同时，要做好安全管理。监理单位督促总包单位修复加固基坑边坡支护，定期进行边坡安全检查，并要求防水作业时必须搭建临时逃生梯，将临时消火栓水龙带接到作业面，预防火灾事故的发生。

4）完善降水井的防水封闭构造

由于基坑底存在承压水渗透，基础垫层及底板卷材防水施工困难，采取留置降水井进行排水处理，有效缓解了坑底渗水问题，确定降水井防水封闭构造如下。

（1）在垫层施工前，用厚度为 4mm 钢管套在原有的观察井井壁外侧，在高度的中部满焊一圈止水钢板环，钢板环宽 80mm，厚度 5mm，下部砸入垫层以下土中 150mm。

（2）垫层施工时挤紧钢套筒，使之固定，混凝土与钢套筒接触面抹成圆角。

（3）垫层上防水卷材上卷 40mm，接缝部位必须溢出沥青热溶胶，并且立即将封口用密封胶粘结严密。

（4）浇筑底板混凝土时，钢套筒高出底板上表面100mm，注意保护好观察井不被破坏。后期需要观察时，可掀开木板及塑料布，用完后，依原样封好。

（5）需撤销观察井时，先割掉高出底板上表面的钢套筒，填入观察井内中、粗砂至离底板上表面4m，再倒入C35P10抗渗混凝土，与底板上表面平齐。

（6）上盖一圆钢板与钢套筒四周满焊。

构造见图3-64。

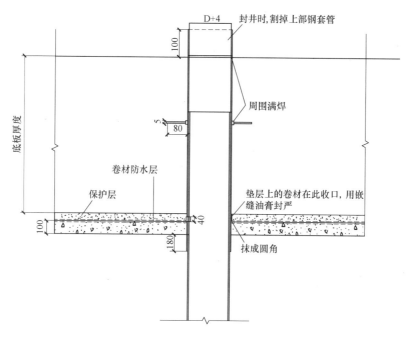

图3-64　降水井防水封闭构造

2. 退台挑檐屋面防水节点管控

1）退台挑檐屋面实施1∶1实体样板，验证设计方案的可行性、保证防水的可靠性。

退台挑檐屋面均为圆弧异形，边缘为曲线，施工工序复杂，土建与幕墙工序交接多，防水节点至关重要。为处理好挑檐屋面防水施工问题，建设单位会同设计单位、监理单位、总包单位、幕墙分包单位进行反复讨论，并在施工现场进行1∶1实体样板施工，验证各工序实施的可行性、改进深化设计方案等，实体样板见图3-65。

2）优化完善挑檐屋面防水节点

（1）调整挑檐屋面的找坡

挑檐屋面处，金属板下垂直空间有限，要容纳保温、防水等多个构造层，难以保证设计要求的最小找坡层坡度2%，特别在鱼尾处时屋面宽度最大处（该处宽度为3m），情况见图3-66。

经研究确定采取一次性找坡的做法，

图3-65　退台挑檐屋面1∶1实体样板

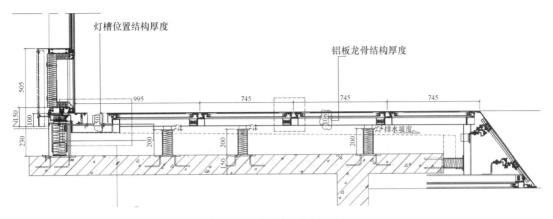

图 3-66　挑檐屋面建筑构造

鱼尾处适当减少排水坡度不小于 1.5%。

（2）解决挑檐屋面幕墙支座穿透防水处的收头问题

大部分幕墙支座出建筑面层高度太低且面板太大，防水收头难以施工，情况见图 3-67。

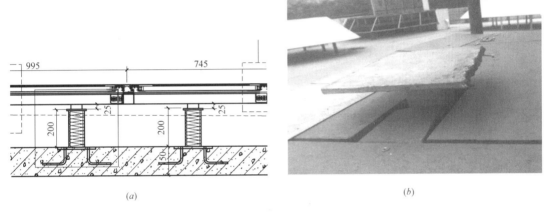

图 3-67　幕墙支座穿透屋面防水处的情况
（a）示意图；（b）现场图

针对此问题，建设单位设计部协调防水分包单位提出两种节点方案，见图 3-68、图 3-69。

经过各方研究讨论后，专业分包单位做节点工艺样板试验，确定方案一可行。

3）挑檐屋面防水质量过程控制

（1）挑檐屋面施工工序如下：混凝土楼板浇筑→工作面第一次移交幕墙单位进行板边位置复核接收→幕墙起步钢架及侧出龙骨安装→工作面移交总承包单位→内侧立面水泥压力板→1：3 水泥砂浆找坡→隐蔽验收→涂刷 JS 防水涂料→镀锌铁皮接缝处涂抹防水油膏→隐蔽验收→铺设钢龙骨、岩棉→固定侧面镀锌铁皮→铺设水平水泥压力板→防水卷材施工→蓄水试验→DS 砂浆保护层→工作面第二次移交幕墙单位再次复核板边位置→转接角码及披水板安装→幕墙后续施工。

（2）挑檐屋面验收共包括十个环节，验收顺序及内容见表 3-12。

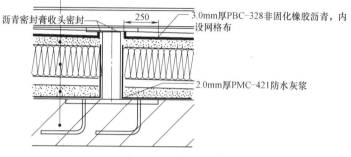

图 3-68　防水节点方案一

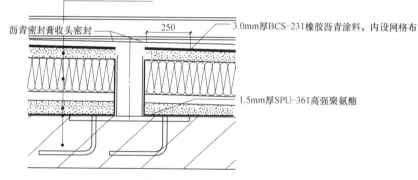

图 3-69　防水节点方案二

挑檐屋面验收节点　　　　　　　　　　　　　　　　　　　　　表 3-12

施工安排		验收节点	
工期	施工内容	验收顺序	验收内容
3d	幕墙起步钢架及侧出龙骨安装	第一次验收	混凝土板边位置
1d	1：3水泥砂浆找坡	第二次验收	幕墙起步钢架及侧出龙骨安装
1d	JS防水涂料隔汽层	第三次验收	1：3水泥砂浆找坡
1d	内侧立面水泥压力板铺设	第四次验收	JS防水涂料隔汽层
1d	镀锌铁皮接缝处防水油膏封闭及钢龙骨、岩棉铺设	第五次验收	镀锌铁皮接缝处防水油膏封闭
1d	固定侧面镀锌铁皮及水平水泥压力板	第六次验收	钢龙骨、岩棉及内侧立面水泥压力板
2d	防水卷材施工	第七次验收	固定侧面镀锌铁皮及水平水泥压力板
1d	淋水试验	第八次验收	防水卷材施工
1d	DS砂浆保护层	第九次验收	DS砂浆保护层
	转接角码及披水板	第十次验收	转接角码及披水板

（3）挑檐屋面防水节点检验方法：

在退台屋面卷材防水施工验收合格后，对防水层进行防水检验，建设单位、监理单位、总包单位三方监督执行。

① 对无组织排水屋面防水层进行持续 2h 淋水试验。

② 有组织排水屋面采用蓄水试验进行防水检验，蓄水试验在防水层施工完成之后进行，蓄水高度为 200mm，留置时间不少于 24h，不得有渗漏现象。

（4）挑檐屋面防水施工质量检查重点包括：1∶3 砂浆找坡层的坡度控制；涂刷 JS 防水涂料厚度控制；C 型龙骨位置，间距控制；水泥压力板拼缝位置检查，拼缝应设置在 C 型龙骨处；岩棉铺设前，侧面镀锌铁皮接缝处防水油膏涂抹质量隐蔽验收；防水卷材搭接宽度应满足规范要求，纵向搭接位置应避开水泥压力板接缝处，横向搭接顺序检查；侧出龙骨及屋面幕墙倒刺防水节点质量控制；幕墙披水搭接处，与防水层交接处封闭。

4）挑檐屋面防水节点质量问题及处理

（1）JS 防水涂料稀释过量、雨天涂刷以及施工误差等，造成涂层厚度不够。

处理方法为补刷 JS 涂料，情况见图 3-70。

（2）由于结构板边偏差，造成局部侧缝隙过小，影响侧面岩棉填塞。

处理方法为拓宽缝隙或剔凿偏差的板边混凝土，情况见图 3-71。

图 3-70　JS 涂层厚度不够的处理　　　　　图 3-71　侧缝隙过小的处理

（3）幕墙支座处防水卷材切割处收口不符合要求。

处理方法为幕墙划出需切割尺寸轮廓，防水施工时按此切割并随切随收口，情况见图 3-72。

（4）挑檐屋面卷材防水上下两侧收头长度不符合设计节点要求。

处理方法为返工整改，必须按设计要求施工，情况见图 3-73。

（5）由于局部板边结构偏差，与幕墙埋件冲突，造成埋件处卷材防水收头做法不符合设计节点要求。

处理方法为复核板边定位尺寸，调整板边结构后进行退台屋面施工，情况见图 3-74。

（6）幕墙埋件根部防水收头按设计节点要求应打密封膏，但现场存在较多未打密封膏问题，且 DS 砂浆防水保护层多处被破坏，情况见图 3-75。

处理方法：督促排查此类问题，并按设计节点要求落实整改，做好成品保护措施。

（7）幕墙穿防水的起步钢架根部防水收口质量较差，存在卷材开口、脱落、未整体搭

图 3-72　幕墙支座处防水开口处理

图 3-73　卷材防水上下两侧收头长度不够的处理

图 3-74　卷材防水收头做法不符合设计要求的处理

图 3-75　幕墙埋件根部防水收头处理不到位

接、未打密封膏等问题。

处理方法为提出整改要求，按设计节点规范施工，要求幕墙施工时注意防水成品保护。

3. 渗漏追踪处理

望京 SOHO—T3 项目借鉴其他项目后期渗漏维修的经验，编制了针对工程渗漏水的检查跟踪管理办法，实现在工程交工前发现并处理好已出现的渗漏缺陷，由监理单位负责现场渗漏水的检查跟踪，重点检查部位包括地下外墙及穿墙管处、地下室顶板及穿顶板管处等，具体工作如下。

1）每周五总包单位、监理单位对施工现场渗漏部位进行检查，在下周一审核总包单位上报的《望京 SOHO 工程（T3）渗漏水处理记录表》，记录包括渗漏部位、图片、原因分析、处理方法、整改时间、处理单位、跟踪记录等，并上报至建设单位，记录见图3-76。

2）每次雨后第一天，建设单位、总包单位、监理单位及专业分包单位对雨后现场渗漏情况进行检查，第二天完成处理记录，上报建设单位。

通过对现场渗漏水的检查、修复处理、跟踪复查，消除了约 200 余处渗漏缺陷，有效降低了交工后渗漏水的发生概率，使工程防水质量有了双重保障。

4. 外幕墙现场淋水检验

雨水渗漏性能是建筑幕墙的关键性能之一，为减少幕墙渗水质量隐患，单元体组装和

望京SOHO工程（T3）渗漏水处理记录表

最近下雨日期：2013年6月25日　　　跟踪日期：2013年6月28日　　　注：如漏点已修复，且通过一次降雨验证不渗漏的，在序号位置填充浅绿色，以后如仍出现渗漏，则恢复为无填充色。

序号	轴线位置及楼层	具体部位描述	现象/照片	是否维修过	漏水原因分析	处理方法及措施	计划整改完成时间	维修单位	漏水处理跟踪记录（最新维修进展情况；最近一场雨是否漏水）													
									13.4.5	13.4.12	13.4.19	13.4.26	13.5.3	13.5.10	13.5.17	13.5.24	13.5.29	13.5.31	13.6.6	13.6.10	13.6.14	13.6.
1	地下三层14轴/A轴	地下室墙围渗漏（阴湿）		是	墙围防水渗漏	采用JS及墙漏灵封堵处理	13.5.5	中建一局	发现漏水点	正在修补中	已修补，仍有阴湿，改为注浆封堵	正在修补中	已注浆修补，未见渗漏，待雨后观察	已注浆修补，未见渗漏，待雨后观察	已注浆修补，未见渗漏，待雨后观察	已注浆修补，未见渗漏，待雨后观察	降雨量对渗漏点无影响，待雨量较大时观察	降雨量对渗漏点无影响，待雨量较大时观察	已修补，雨后未见	/	/	/
2	地下三层16轴/A轴	地下室墙围渗漏（阴湿）		是	墙围防水渗漏	采用JS及墙漏灵封堵处理	13.5.5	中建一局	发现漏水点	正在修补中	已修补，仍有阴湿，改为注浆封堵	正在修补中	已注浆修补，未见渗漏，待雨后观察	已注浆修补，未见渗漏，待雨后观察	已注浆修补，未见渗漏，待雨后观察	已注浆修补，未见渗漏，待雨后观察	降雨量对渗漏点无影响，待雨量较大时观察	降雨量对渗漏点无影响，待雨量较大时观察	已修补，雨后未见	/	/	/
3	地下三层17轴/A轴	地下室墙围渗漏		是	墙围防水渗漏	注浆处理	13.5.5	中建一局	发现漏水点	正在修补中	已修补，仍有阴湿，改为注浆封堵	正在修补中	已注浆修补，未见渗漏，待雨后观察	已注浆修补，未见渗漏，待雨后观察	已注浆修补，未见渗漏，待雨后观察	已注浆修补，未见渗漏，待雨后观察	降雨量对渗漏点无影响，待雨量较大时观察	降雨量对渗漏点无影响，待雨量较大时观察	已修补，雨后未见	/	/	/

图 3-76　T3 项目渗漏水处理记录示意

施工现场安装后进行淋水试验，模拟幕墙在使用过程中的抗雨水渗漏情况，确定幕墙在淋雨条件下，其防止雨水渗透的能力，检查设计和安装存在的问题。

幕墙的待测部位要具有典型性和代表性，应包括垂直的和水平的接缝、开启部位或其他有可能出现渗漏的部位。每个测试部位连续往复喷水 5min，直至试完待测区域内的所有部位，现场淋水情况见图 3-77。

图 3-77　现场幕墙淋水试验

对渗水部位应做好标识，并安排修补处理。当无法确定漏水的确切位置时，采取分段检查方法进行确定。

3.5.3 钢结构工程质量管理

钢结构工程质量是超高层项目工程管理的重点之一，须全面、细致地控制加工、运输、安装等各个环节，望京 SOHO-T3 工程总用钢量 1.8 万 t、构件约 1.5 万件，其中包含大量圆管柱、斜向相贯构件等，在建设单位的组织下，监理单位、总包单位及专业分包单位在方案审核、加工监造、吊装测量、焊接连接等方面进行了精细化的管控工作，以下介绍相关情况。

1. 施工方案审核管理

根据工程情况，将钢结构施工方案作为关键性技术文件，监理单位编制了《施工方案审核管理办法》，规定施工方案的审批流程：

1）接收施工单位上报的施工方案时需附带提交电子版方案，并准确记录具体收文时间。进行方案审核的时限为收到电子版方案的三个工作日内；

2）第一工作日内，钢结构监理工程师及相关专业监理师分别进行审阅并提出审核意见，交由资料员进行汇总、整理；

3）第二工作日，将汇总、整理完成的审核意见报总监理工程师审批，并给出方案正式审核结论：重新编制、修改后重报或同意；

4）第三个工作日，由资料员将需要进行修改或重新编制的施工方案返给施工单位。

方案审核流程及责任分工见图 3-78，明确审核工作的流程、分工及职责后，避免了方案审核的片面性，提高了方案审批的效率。

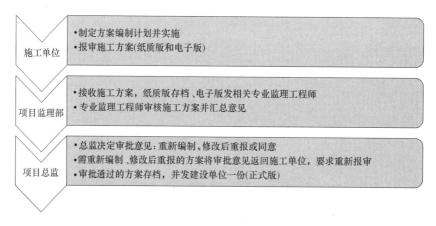

图 3-78 方案审批流程

望京 SOHO—T3 项目钢结构工程施工方案共计 17 份，覆盖了加工、预埋、安装、防火等，制定了钢结构工程中难点及重点项目的解决方案，完善、细化了易被忽视的质量安全措施，如：钢结构安装的测量定位及校正；钢结构预埋件、地脚锚栓的安装；钢构件吊装及临时固定；冬季焊接材料烘焙、焊接预热温度的控制；高空焊接作业防风防护棚的搭设；焊接作业时下方防护措施等。监理单位自 2011 年 12 月至钢结构工程结束，共审批 24 项次（包括修改版），提出审核意见 62 项，具体审核情况见表 3-13。

钢结构工程施工方案审批情况   表 3-13

序号	文件编号	方案名称	审批完成时间	审核意见数
1	00-09-C1-001	地下钢结构安装方案	2012-03-02	8条
2	00-09-C1-001(改1)	地下钢结构安装方案	2012-03-28	-通过-
3	00-09-C1-002	钢结构焊接方案(地下)	2012-03-26	5条
4	00-09-C1-002 改1	钢结构焊接方案(地下)	2012-04-08	-通过-
5	00-09-C1-003	钢结构加工方案	2011-12-27	3条
6	00-09-C1-003(改1)	钢结构加工方案	2012-03-02	-通过-
7	00-09-C1-004	钢结构试验计划	2011-12-27	6条
8	00-09-C1-004(改1)	钢结构试验计划	2012-03-02	-通过-
9	00-09-C1-005	地脚锚栓安装方案	2012-03-16	3条
10	00-09-C1-006	焊工考试计划(地下)	2012-03-20	2条
11	00-09-C1-007	钢结构测量方案(地下)	2011-03-22	5条
12	00-09-C1-007 改1	钢结构测量方案(地下)	2012-04-08	-通过-
13	00-09-C1-008	钢结构安全方案	2012-04-15	7条
14	00-09-C1-009	钢结构焊接方案(地上)	2012-05-15	3条
15	00-09-C1-010	地上钢结构安装方案	2012-05-15	2条
16	00-09-C1-010 改1	地上钢结构安装方案	2012-06-04	-通过-
17	00-09-C1-011	钢结构测量方案(地上)	2012-05-15	1条
18	00-09-C1-011 改1	钢结构测量方案(地上)	2012-06-11	-通过-
19	00-09-C1-012	压型钢板安装方案	2012-06-13	6条
20	00-09-C1-012 改1	压型钢板安装方案	2013-08-23	-通过-
21	00-09-C1-014	钢结构防火涂料施工方案	2012-11-19	3条
22	00-00-C1-015	悬挑板压型钢板安装专项补充方案	2013-01-20	-通过-
23	00-00-C1-016	屋顶钢结构加工方案	2013-03-20	2条
24	00-00-C1-017	屋顶钢结构安装方案	2013-03-21	6条

收到施工单位报审的施工方案后，监理单位安排专业监理工程师依据施工合同、设计图纸、相关标准等，及时审核施工方案，提出审核意见，审批意见随原施工方案报审表返给总包单位，要求修改后重报，总包单位修改完毕后，再次报审通过，以下为方案审核实例。

【实例一】《钢结构安装施工方案（地下）》审核意见

（1）依据《钢结构工程施工质量验收规范》中11.3.2"柱子安装的允许偏差"、11.3.4"钢主梁、次梁及受压杆件的垂直度和侧弯曲矢高的允许偏差"、11.3.5"多层及高层钢结构主体结构的整体垂直度和整体平面弯曲的允许偏差"等规定，及《建筑施工测量技术规程》中10.5"钢结构高层、超高层建筑施工测量"中相关规定，提出：方案应补充钢构件安装就位的测量定位等相关内容。

（2）现场钢构件焊接、无损检测以及压型钢板的相关内容应补充专项施工方案。

（3）依据《钢结构工程施工质量验收规范》中6.3"高强度螺栓连接"、11.3"高层钢结构安装工程安装和校正"规定，提出：P21 页钢构件进场检查应补充验收合格标准；应补充钢构件安装的验收合格标准，高强螺栓连接施工的相关内容及其验收依据。

（4）依据《起重机械安全规程》4.2.1.1"钢丝绳安全系数应符合 GB/T 3811—2008中表 44 的规定"、4.2.1.5"钢丝绳端部的固定和连接应符合的要求"、4.2.2"吊钩、吊钩夹套及其他取物装置"、4.2.3"起重用短环链"等相关规定，提出：钢构件的吊具，索具、缆风绳等应注明具体的规格尺寸，以便于操作，安全绳的具体要求，如材质、规格等应明确。

（5）应补充钢平台与钢柱的固定方式。

（6）应明确"需要抬吊的钢柱和运送路线以及加钩区域"的具体过程。

（7）依据《钢结构工程施工质量验收规范》11.2.2"多层建筑以基础顶面直接作为柱的支承面，或以基础顶面预埋钢板或支座作为柱的支承面时，其支承面、地脚螺栓（锚栓）位置的允许偏差"等规定，提出：P42 页 GKZ2-3-T2-1 钢柱安装用工字钢梁的预埋螺栓设置应补充具体参数。

（8）依据《建筑钢结构焊接技术规程》4.6"构件制作与工地安装焊接节点形式"、4.7"承受动载与抗震的焊接节点形式"中相关规定，提出：超出塔吊吊重的构件安装所用的辅助工字钢，应明确与下节圆管柱焊接的具体参数，并应补充相关受力验算。

【实例二】《2012 年冬施方案》审核情况，其中包含了土建、机电、钢结构、幕墙以及安全文明施工等内容。对于钢结构专业部分的冬施管理，依据《冬期施工管理规程》JGJ/T 104—2011 等规范中的规定，提出意见如下：

（1）依据 9.2.2"负温下施工用钢材，应进行负温冲击韧性试验，合格后方可使用。"的规定，提出：补充钢材负温冲击韧性试验的内容。

（2）依据 9.2.7"负温下钢结构用低氢型焊条烘焙温度宜为 350～380℃""当负温下使用的焊条外露超过 4h 时，应重新烘焙"、9.2.8"焊剂在使用前应按照质量证明书的规定进行烘焙，其含水量不得大于 0.1％"规定：P17，"4.11.4 焊接材料"需补充在负温条件下使用的焊条、焊剂的烘焙要求。

（3）依据 9.3.10"负温下厚度大于 9mm 的钢板应分多层焊接""当发生焊接中断，在再次施焊时，应先清除焊接缺陷，且再次预热温度应高于初期预热温度"规定，提出：P19，"7，当发生中断，再次施焊时"，补充要求"再次预热的温度应高于初期预热温度"。

（4）依据 9.2.11"钢结构使用的涂料应符合负温下涂刷的性能要求，不得使用水基涂料"、9.3.19"低于 0℃的钢构件上涂刷防腐或防火涂层前，应进行涂刷工艺试验"规定，提出：应补充冬施期间钢构件涂刷防腐或防火涂层的施工要求。

（5）依据 9.3.21"栓钉施焊环境温度低于 0℃时，打弯试验的数量应增加 1％"规定，提出补充要求："负温下栓钉打弯试验的数量应增加 1％。"

（6）依据 9.3.11"当焊接场地环境温度低于－30℃时，宜搭设临时防护棚，且要严禁雨水、雪花飘落在尚未冷却的焊缝上。"规定，提出补充要求。

2. 构件加工质量管理

工程总用钢量约为 1.8 万 t，原材采购分为三个批次，其中第三批次的采购是在全部图纸深化完成、工程量精细计算的基础上进行的，从而确保了构件加工不缺料、无余料。在进行钢板采购时还采取了定尺供应，即：在现场结合起重设备的布置确定单节钢柱的重量和长度，以明确板材的长度；然后根据截面规格，确定板材的宽度，待板材的规格尺寸明确后，按确定尺寸采购。

总包单位与监理单位向加工厂分别派驻监造工程师，负责对构件加工排板、下料、组装、焊接、除锈、喷漆、验收和出厂等环节进行监管，对加工厂原材料复试、第三方检测等严格把关，加工资料随构件进场收集归档。对构件加工的进度进行监控，并以日报、周报、月报的形式向现场项目部进行反馈，实现加工厂与施工现场在构件加工全过程的沟通，加工质量管理内容见表3-14。

钢构件加工厂质量控制内容 　　　　　　　　　　表 3-14

程序名称	质量控制内容
放样、号料	核对各部尺寸
落断、切割	检查直角度、各部位尺寸、切割面粗糙度、坡口角度
钻孔	检查孔径、孔距、孔边距、毛边、垂直度
成型组装	检查钢材表面熔渣、锈、油污的清除情况，检查组装间隙、点焊长度、间距、焊脚、直角度、各部位尺寸
焊接	检查预热温度、区域，检查焊渣清除，焊材准备工作；检查焊接缺陷，进行理化试验和无损检测
矫正	检查直角度、垂直度、拱度、弯曲度、扭曲度、平面度；检查加热温度
端面加工、修整	检查长度、端面平整度、端面角度
热处理	检查温度控制、硬度控制
除锈	检查表面清洁度、表面粗糙度
涂装	目测质量，检查涂层厚度（干膜）
包装编号	检查标识、外观质量
预拼装	核查拼装部位尺寸偏差、方向标识

1）圆管柱加工质量管理

（1）圆钢管外形尺寸直接影响构件整体的尺寸，须重点控制钢管椭圆度，防止造成节点板制作和安装偏差；

（2）钢管柱多为空间立体尺寸，须保证放样精度要求，保证组立质量；

（3）为了确保钻孔精度和质量，钢结构的零件钻孔采用数控平面钻或摇臂钻，采用模钻时均放样划线，划出基准轴线和孔中心，零部件、构件钻孔后均需检验合格才准转入其他工序；

（4）圆管柱的焊接自动化程度较低，牛腿为全位置焊接，检查焊工各项操作应符合焊接工艺要求；

（5）须控制焊接变形，减小对构件的整体精度影响，焊接前制定合理的焊接顺序和焊接方法。

（6）加工质量管理流程见图3-79。

2）相贯圆管柱加工质量管理

望京 SOHO-T3 项目钢结构逐层内收，鱼头鱼尾处圆管钢柱为变斜率的斜柱相贯，梁柱节点处有多道不同角度的钢梁牛腿，整体为不规则的空间结构，见图3-80，构件形位控制成为管理重点，具体措施如下。

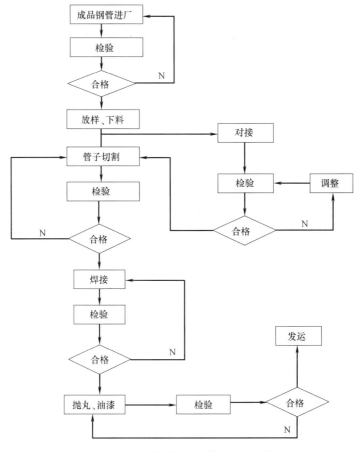

图 3-79　圆管柱加工质量管理流程

（1）钢管柱虽经过变径但相贯时直径仍达 600mm，无法在相贯线切割机上进行相贯线切割。须采用立体放样，在钢板上确定钢柱基准线，并根据基准线在钢板上划出相贯线，断续切割后在卷板机上卷出所需要的钢管；

（2）相贯时下端两根圆管柱夹角小、管壁厚、操作空间小，须保证该部位焊接质量；

（3）两根倾斜圆管柱通过半椭圆形加劲板结合，然后通过圆形横向隔板转换为一根管柱，按加工图上斜管斜率及折点将折点位置和倾斜角度反映在钢管柱的基准线上，按照三维模型切割管与管的对接口的，根据钢管柱上的基准线，拼接相贯柱下端的管柱。

3. 现场钢结构质量管理

现场钢结构主要控制管理内容见表 3-15。

现场钢结构质量控制管理内容　　　　　　　　　　　　　　表 3-15

程序名称	质量控制内容
原材料、钢构件进场	检查出厂证明书、核对材质规格，抽测各部尺寸，检查构件外观，必要的试验检测
堆存内运	检查外观及防变形措施
基础复测	复核水平线、柱轴线
垫板设置	检查填实情况、尺寸位置、临时固定措施

程序名称	质量控制内容
吊装就位与调整	检查吊装垂直度、水平度、位移偏差
高强度螺栓连接	核对试验报告,核查摩擦面的处理情况,检查初拧与终拧扭矩,终拧后的检查
焊接	抽查预热情况,检查焊渣清除情况、焊道尺寸,检查焊接外观缺陷,见证无损检测
实体偏差实测	核实认证实测数据
除锈	检查表面清洁度、外观
涂装	核查气候条件,测定干膜厚度,检查补漆处处理
验收	检查质量资料、观感质量、功能及安全项目情况

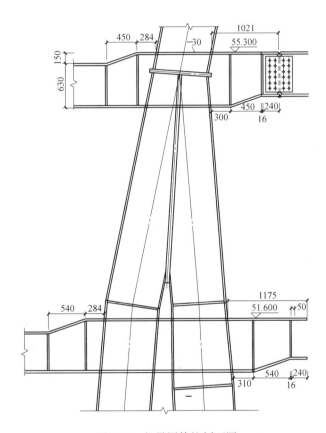

图 3-80　相贯圆管柱剖面图

1) 钢结构焊接质量管理

圆管柱最大直径为 1400mm,最大板厚 25mm,材质为 Q390GJC;型钢柱最大板厚 50mm,材质为 Q345C;钢梁最大板厚 30mm,材质 Q345C。质量管理的主要措施包括:

(1) 编制详细的焊接作业方案和焊接工艺指导书,充分考虑高处焊接的气流环境、焊接的层间温度、柱接头的预热和后热、焊接应力变形释放等与地面的情况不同,确定焊接工艺、制作焊接样板;

(2) 全部选用具有高层钢结构施工经验的焊工,并在正式进场前结合本工程要求进行全面培训和考试;

（3）超高层钢结构焊接质量受风的影响较大，根据现场情况自制防风棚以保证焊接质量；

（4）按规范检查焊缝质量，内在质量通过无损探伤进行检测，外观质量通过量规和观测进行检查，焊缝缺陷预控及处理措施见表3-16。

焊缝缺陷预控及处理措施   表3-16

问　题		原　因	处　理　措　施
裂纹	热裂纹	焊缝金属结晶时造成严重偏析，存在低熔点杂质，另外是由于焊接拉伸应力的作用而产生的。	控制焊缝的化学成分；控制焊接电流和焊接速度；避免坡口和间隙过小使焊缝成形系数太小；焊前预热可降低预热裂纹的倾向；合理的焊接顺序可以使大多数焊缝在较小的拘束度下焊接，减小焊缝收缩时所受拉应力，也可减小热裂纹倾向。
	冷裂纹	冷裂纹发生于焊缝冷却过程中较低温度时，或沿晶或穿晶形成，视焊接接头所受的应力状态和金相组织而定。	焊前烘烤，彻底清理坡口和焊丝表面的油、水、锈、污等减少扩散氢含量。焊前预热，焊后缓冷，进行焊后热处理。采取降低焊接应力的工艺措施，如：在实际工作中，如果施焊条件许可双面焊，结构承载条件允许部分焊透焊接时，应尽量采用对称坡口或部分焊透焊缝作为降低冷裂纹倾向的措施之一
孔穴缺陷		焊条、焊剂潮湿，药皮剥落，坡口表面有油、水、锈污等未清理干净；电弧过长，熔池面积过大，保护气体流量小，纯度低；焊炬摆动大，焊丝搅拌熔池不充分；焊接环境湿度大，焊工操作不熟练	不得使用药皮剥落、开裂、变质、偏心和焊芯锈蚀的焊条，对焊条和焊剂要进行烘烤；认真处理坡口；控制焊接电流和电弧长度；提高操作技术，改善焊接环境
固体夹杂缺陷		多道焊层清理不干净；电流过小，焊接速度快，熔渣来不及浮出；焊条或焊炬角度不当，焊工操作不熟练，坡口设计不合理，焊条形状不良	彻底清理层间焊道；合理选用坡口，改善焊层成形，提高操作技术；选用合适的焊接工艺
未熔合缺陷		由于运条速度过快，焊条角度不对，电弧偏吹，坡口设计不良，电流小，电弧过长，坡口或夹层清理不干净造成的	提高操作技术，选用合适的工艺参数，选用合理的坡口，彻底清理焊件
未焊透缺陷		由于坡口设计不良，间隙过小，操作不熟练等造成的	选用合理的坡口形式，保证组对间隙，选用合适的规范参数，提高操作技术
形状缺陷	咬边缺陷	由于电流过大或电弧过长，埋弧焊时电压过低，焊条和焊丝的角度不合适等原因造成的	对咬边部分需用焊丝进行修补焊接
	焊瘤缺陷	由于电流偏大或火焰率过大造成的	用砂轮等除去
	下塌缺陷	由于焊接电流过大，速度过慢，因此熔池金属温度过高而造成的	用碳弧气刨进行铲除，然后修补焊接
	根部收缩	焊接电流过大或火焰率过大，使熔池体积过大造成的	选用合适的工艺参数

问　　题		原　　因	处　理　措　施
形状缺陷	错边缺陷	主要是组对不好,因此要求组对时严格要求	从背面进行补焊,也可使用背衬焊剂垫进行补强焊接
	角度偏差	由于组对不好,焊接变形等造成的	严格控制组对,采用控制变形的措施
	焊缝超高、焊脚不对称、焊缝宽度不齐、表面不规则	焊接层次布置不好,焊工技术差	严格按照工艺布置焊接层次,加强焊工技术

2）高强螺栓安装质量管理

超高层钢结构高强螺栓安装工作量大、高处作业多、场地条件和自然条件差、质量要求高等特点,其完成质量的高低直接决定着整个工程的完成质量。本工程高强螺栓安装涉及规格多、数量大,为保证安装过程顺利进行,按照确定规格进场→复验保管领用→初拧标记复拧→验收等工序检查验收,通过现场抽测等控制手段,避免返工。

3）钢结构安装测量控制

由于整体结构复杂、多变,外框圆管柱空间倾斜,测量控制基准点的通视条件差,施工单位在施工前经过与详图深化人员的充分沟通,制订了现场测量方案和工厂加工辅助方案。根据结构平面和立面布置的变化,间隔一定高度进行原地转点,确保水准仪传递精度。以多种方式增加多余观测,确保最终控制精度。

根据本工程平面和立面的具体布置和场区周围情况,分别在建筑物内部和周边设置测量控制点,采取外控法和内控法两套施测方案同时进行,相互校核。测量过程中架设全站仪后视控制点,运用极坐标原理测得斜距、水平夹角和竖直角,该数据自动传输给便携机,利用建立数学模型自动计算并输出主测控点的实测坐标以及实测值与理论值的差值,现场据此纠偏、指挥校正,直至满足精度要求。每节柱焊接后再次按上述测量方法得到各柱焊接后柱顶中心坐标数据。

在高空对钢柱、钢梁的测量,都需要根据具体的钢结构截面型式和就位需求来进行标识和测量。在整体形成稳定结构前,钢结构需要进行多次的调整,需要采取提前预计偏移趋势、加强临时固定措施和跟踪测量校正等进行测量定位和调校。

（1）外框钢管柱的定位控制

采用多个空间坐标点进行外框钢管柱定位。首先在加工详图绘制阶段,在 Xsteel 模型中直接给出圆管柱顶 5 个定位坐标点;然后,构件加工阶段在构件相应位置标注该定位点;最后施工现场验收合格后粘贴反射片,根据构件定位点实现构件的定位安装。

由于钢柱受压缩变形、结构沉降的外界因素的影响,随着结构高度不断增加,柱顶实际标高与设计标高差会越来越大。在进行柱顶标高控制时,首先由整体设计模型按相应材质钢材的压缩比计算出各节钢柱的理论压缩量,直接考虑到构件加工图中。然后以每节柱为单元进行柱标高的调整工作,统计每节柱接头焊接的收缩和在荷载下的压缩变形值。随着施工进度的进行,根据现场钢柱实测标高数据,分析安装误差,当累加偏差超过允许偏差标准时,应将偏差总值反映给深化设计单位,发出设计变更反馈到加工厂,将变形总值加到下一节柱的制作长度中。为了达到既严格控制误差又提高安装效率的目的,本工程安装标高误差每两节柱调整一次。

（2）核心筒劲性钢骨柱定位控制

核心筒钢骨柱安装定位偏差较大时，钢构件上预埋件就会在钢筋内侧，或者超出混凝土结构外轮廓线造成无法合模。而且这些偏差会造成核心筒混凝土结构外轮廓线定位的偏差，进而导致随着核心筒增高结构垂直偏差越来越大，除了对于结构安全影响之外还将严重影响电梯安装和精装修等专业的施工。

为避免核心筒定位超差问题，监理单位需要求施工单位土建专业、钢结构专业人员到现场联合测量，通过对钢骨柱及结构外轮廓线进行复测，得到测量结果进行分析，及时调整、减少偏差。

监理单位在核心筒钢筋、模板、混凝土以及钢骨柱施工验收时增加结构位移检测，从每一道工序上进行定位控制，发现问题及时采取纠偏措施。要求总包单位对核心筒竖向结构做全面测量，定期校核轴网控制线，每三层复测垂直度，并将整套测量数据报给监理。

核心筒劲性钢骨柱施工进度领先，发生偏差对后续工序影响大，通过钢结构与混凝土结构联合复测，可确保垂直度和定位精确。

4）压型钢板质量管理

（1）在压型钢板铺装前应注意以下问题：由于压型钢板较薄，为了避免施工焊接固定时焊接击穿，焊接材料采用的焊条宜为小直径的焊条；压型钢板的切割应采用等离子切割，避免对表面镀锌层产生破坏；铺设前应先确定钢梁吊耳均已切除磨平，基层清理干净。

（2）压型钢板施工控制重点：

① 检查压型钢板与核心筒结构的连接固定情况。核心筒结构施工过程中预埋埋件，并在压型钢板板边设置角钢，在核心筒结构外围与埋件焊接固定。角钢支撑施工前应先进行受力计算，核算承受压型钢板荷载是否安全可靠。由于核心筒结构外轮廓存在偏差，部分埋件在混凝土内出现偏位，需要先行剔凿露出，可能会出现埋件与角钢支撑之间存在缝隙无法焊接。如遇到此等情况应由施工单位出具体的处理措施，经设计单位、监理单位同意后执行。

② 检查压型钢板悬挑板区域支撑情况。外围悬挑区域压型钢板的铺设需要相应的辅助措施，应采用角钢制作工具式支撑系统；悬挑长度超过1m的部位，临时支撑不能满足最大荷载受力要求，易在楼板混凝土浇筑后悬挑部位产生变形、下塌等现象，增设支撑架体，防止悬挑板下塌。

③ 检查挑檐板临时支撑拆除时间。混凝土浇筑完成后应及时采取养护措施，且需待混凝土强度达到规范要求后才可拆除临时支撑系统，要求施工单位不得因施工幕墙上口的埋件、支座等提前拆除临时支撑。

4. 质量问题及处理

钢结构现场安装过程中，发现并解决了钢柱安装方向偏转、气割开孔、钢骨柱安装错位、引弧板不符合要求等质量问题，问题及处理措施见表3-17。

压型钢板与其他工程存在交叉作业，如土建的楼板钢筋绑扎、机电的预留孔洞、幕墙的预埋件等，易遭到破坏，实际施工中发生切割不到位、栓钉焊接不牢固、切割定位不正确等问题，问题及处理措施见表3-18。

问 题	原 因 分 析	处 理 方 法
钢柱安装方向偏转	构件安装定位偏差、限位措施不当	重新进行吊装,调整安装方向
钢梁高强螺栓连接,采用气焊扩孔	钢梁因安装存在偏差,螺栓孔无法对正,需要调整螺栓孔位置	禁止现场随意扩孔、开孔,必须严格按方案要求扩孔,并对扩孔处进行补强处理
钢梁连接板变形,且连接板存在较大缝隙	组装偏差,在高强螺栓终拧前,连接板未进行校正处理	更换连接板并重新终拧,严格按工艺流程控制施工
钢骨柱定位存在偏差,对接钢梁扭曲	因钢骨柱安装时存在偏差及变形,造成钢柱与轴线存在倾斜角,影响对接钢梁的安装焊接	要求施工单位调整校正钢骨柱及钢梁后重新焊接;并对钢骨柱的安装进行测量校核,增加限位措施,钢柱安装后监理单位复测;出现偏差及时调整,减少累加偏差
钢梁上下翼缘板错位大	组装偏差,个别钢梁螺栓未终拧即进行翼缘板焊接	刨开焊缝校正后重新焊接,督促施工单位严格按工艺流程控制施工
钢梁连接板与埋件焊接不到位、高强螺栓外露丝扣不足	钢梁连接板与埋件焊接不到位造成	要求施工单位对不合格高强螺栓要及时更换,督促施工单位加强自检
钢梁连接板无法正常连接,现场采取单剪板换双剪板	由于外框钢构存在位移偏差,造成钢梁节点处间距过大	考虑钢梁返厂时间较长,经设计单位同意并出设计变更文件现场采取加长钢梁的做法,重新安装该节点

问 题	分 析 原 因	处 理 措 施
压型钢板被切割	压型钢板铺设前钢梁吊耳未切割,工人在作业时将压型钢板切割;压型钢板铺设过程中,工人随意切割板边,局部与结构构件搭接长度不满足要求	必须将钢梁吊耳全部切割并打磨后方准铺设压型钢板;做好对工人的技术交底,加强现场施工管理。压型钢板的切割要规范,必须采用等离子切割
压型钢板镀锌层破坏	压型钢板上气焊切割作业,或者高处钢结构焊接、切割作业时焊渣滴落在钢板上,对压型钢板镀锌层产生破坏	做好压型钢板成品保护,板上焊接切割作业必须放垫板,高处钢结构焊接切割作业要设置接火盆,避免对压型钢板镀锌层破坏
栓钉焊接不牢固	核心筒混凝土浇筑过程中漏浆,流落到下层周边钢梁上。钢梁上表面形成砂浆层,在栓钉焊接作业时钢梁上表面未清理干净,造成栓钉焊接不牢固,出现松动脱落现象	核心筒周围钢梁上表面杂物清理干净后方可进行栓钉焊接,抽检1%栓钉弯曲试验
栓钉定位不准确	栓钉焊接施工前应在压型钢板钢梁位置放线,指导栓钉定位焊接。部分栓钉定位不准确,或者未先进行放线,导致栓钉偏离钢梁中心线,超出与钢梁上翼缘侧边的距离要求(不小于35mm);个别钢梁上栓钉位置偏差较大,栓钉焊接在钢梁上翼缘边上,又导致压型钢板穿孔	压型钢板上栓钉定位放线后方可进行栓钉作业,对工人做好技术交底,必须严格按照方案及规范要求执行
切割开孔不规范	各楼层预留测量洞口、电缆洞口,对压型钢板进行开孔。但现场部分开孔不规范,开孔较大,影响压型钢板强度	加强工人教育,规范作业,严格控制开孔尺寸。在楼板钢筋绑扎时对该部位进行加筋补强,浇筑混凝土时做好封堵

问　题	分析原因	处理措施
压型钢板翘起、未点焊固定、间隙较大	核心筒周边与楼板连接处预留钢筋剔凿,剔凿过程中有将压型钢板撬起行为,且混凝土颗粒等杂物落在钢梁与钢板之间,使压型钢板翘边;个别部位压型钢板未与钢梁进行点焊固定,钢板容易产生位移,不符合方案要求;核心筒周边结构尺寸偏差,造成局部压型钢板与核心筒结构间隙较大	核心筒周边剔凿作业时尽量避免破坏压型钢板,已翘起压型钢板要及时恢复平整、点焊固定。核心筒周边局部较大缝隙下角钢支架焊接必须规范,浇筑楼板混凝土前做好板底封堵措施,防止漏浆
压型钢板角钢支撑安装未固定、固定方式与方案不符	由于核心筒墙体上埋件安装偏差,部分埋件在墙混凝土内,现场施工过程中,部分埋件未被剔凿出来,未能与支撑角钢连接;个别埋件位置偏差,支撑角钢无法与其焊接;部分角钢与埋件采用钢片焊接连接,不能保证支撑角钢的承载能力	编制核心筒支撑角钢的处理办法,明确角钢与埋件固定方式及技术指标,并以技术交底的形式落实到工人,严格按照处理办法执行整改

5. 望京SOHO—T3楼结构施工至L13层开始出现鱼尾变斜率相贯斜柱,是本工程钢结构安装施工重难点之一,以下为相贯圆管柱的安装难点及相应的控制措施。

1) 构件重量大、形状不规则,经深化设计确定吊点布置

相贯圆管柱重量约为11吨,吊装时处于塔吊半径内的最大起重量,传统的吊装方式就位调整困难,为提高吊装效率,首先在构件的三维模型上根据构件就位后的位置模拟出重心吊点,在相贯柱顶均布4个吊点,在柱身另设置一个吊点,使用葫芦倒链进行调整,然后根据起重设备的吊钩位置和构件上的各个吊点位置计算出各根倒链的长度。实现构件的一次起吊,经微调后即能满足构件临时就位吊装的要求,吊点设置情况见图3-81、图3-82。

图3-81　相贯圆管柱起吊情况

图3-82　相贯圆管柱吊装点设置

2) 倾斜就位难度大,采取合理顺序及临时固定措施

相贯圆管柱安装时,首先检查构件上基准点标识情况,根据基准点与下端其中一根钢

柱对位。先连接一根钢柱一侧耳板，利用倒链对齐第二根柱顶。相贯圆管柱在进行临时固定时，在下节钢柱柱顶呈90°焊接两个挡板，防止钢柱安装时产生错口。钢柱就位后，使用双夹板及螺栓夹紧耳板，情况见图3-83。

图 3-83　相贯圆管柱就位固定

3）测量校正难度大，采取适当的测控及限位措施

相贯圆管柱为空间倾斜，同时向 X 轴线及 Y 轴线方向倾斜，在安装过程中不适用于传统的定位测量方法；相贯斜圆管柱安装时须保证柱顶位置的坐标正确，并保证柱下端与相应的两根钢柱的接口位置的端口契合；同时还需调整环板的水平度，以保证钢梁安装时钢梁的两端标高正确，多点位的测量控制给校正工作带来很大难度。

在进行安装定位校核时，采用柱顶与柱底上基准点，校正钢柱的扭度，使用与加工厂相同的基准线，保证钢柱调整的精度，具体措施如下。

（1）柱顶沿轴线放射方向，在加工厂所使用的基准线标识（样冲眼）上贴反光贴片，利用反光贴片作为柱顶加工时所使用的基准点，见图3-84。

（2）在现场吊装过程中，使用全站仪进行三维坐标跟踪测量，并根据图纸上提供的正确坐标值与已知数据检核。同时利用全站仪上的计算功能将测量的坐标与理论值相比较，得到纠偏值，以指导现场临时固定。

图 3-84　基准线反光贴片

（3）固定后，再利用水准仪根据核心筒上标高控制点对环板上牛腿标高进行测量，以控制现场标高的调整。

3.5.4　幕墙工程质量管理

望京 SOHO—T3 项目幕墙工程总面积约 67000m²，包含塔楼 T3、小商业 P3 和下沉广场 B1，T3 共 45 层，F30-F45 为超高区，F20-F29 为高区，F10-F19 为中区，F10 层以下为低区。幕墙立面造型圆润流畅、线条丰富，层间铝板分隔呈折线及弧形无规则角度状分布、线条变化极具跳跃感。幕墙含单元式玻璃幕墙、框架式玻璃幕墙、铝板幕墙、石材幕墙、铝合金百叶、玻璃门、屋顶拉伸铝合金网、雨篷等。其中铝板主要包括单曲面铝单板、平面铝单板、双曲面铝单板，铝单板表面采用氟碳喷涂，板厚为 1.0mm、1.5mm、3mm、4mm 不等。玻璃类型主要包括中空钢化玻璃、单层钢化玻璃、单层热弯钢化玻璃、超白夹胶玻璃等，其中中空钢化玻璃为 8mm 的 Low-e＋12A＋6mm，单层钢化玻璃为 8mm。幕墙玻璃分为平板玻璃和弯弧玻璃两种，弯弧单元板块最大外形尺寸约 1.8m×4.2m，最大重量约 400kg，标准板块外形尺寸约 1.2m×3.2m，重量约 200KG。3 层单元板块数量约 230 块，往上数量递减，至 45 层时玻璃单元板块的数量为 115 块，每层均含 4块弯弧板块。

幕墙质量控制难点包括：曲线曲面为主，铝板安装精度要求高，形位控制难度大；铝板与玻璃两种幕墙交叉作业、工序较为复杂；与相关专业交叉作业、相互影响；弯弧部位单元体板块重量较大，安装难度大；幕墙异型节点多、与退台屋面交接部位的防水处理难以控制；单元式玻璃幕墙每层均有四块弯弧板块，弯弧板块的背板、阴影盒、玻璃、型材的弧度不准确将导致无法安装；单元体护边采用硅胶条，须严格控制护边的平整度；单元体窗扇重量较大，锁点较多，开启角度达 50°，须采取正确的安装顺序及定位措施等。

在工程管理过程中，对深化设计、构件加工、隐蔽工程等关键环节进行了细致、全面的管控，具体情况如下。

1. 深化设计管理

深化设计是幕墙工程中的重要工作，是四性试验、材料采购、加工排产、现场安装的前提条件。对于曲线、异型为主的幕墙，须给深化设计工作预留充足的时间，为保证深化设计可以满足总控计划的要求，幕墙分包单位根据现场开工时间安排深化设计时间，并制定深化设计计划，幕墙分包单位提前编制深化设计计划，并与各单位沟通，以便融汇沟通，对深化设计的进度进行跟踪，并在有效时间内落实深化图纸的下发。

由于形体复杂、深化设计工作量大，幕墙深化设计工作持续了将近一年的时间，对前期图纸深化设计的时间控制中，通过充分利用结构施工时间、选派足够有经验的设计人员、充分考虑设计难度、及时跟踪深化设计进度等，使深化设计按时完成，保证了采购、加工和现场安装。

由幕墙分包单位按照进度计划分批进行深化设计出图，由幕墙顾问、建设单位设计部及设计单位审核、管理，幕墙分包单位将图纸递交给幕墙顾问，由幕墙顾问进行初稿审批，图纸通过则递交建设单位设计部，如未通过，则将图纸及图纸问题一并返回幕墙分包单位，并限时进行再报。幕墙顾问主要职责包括：按要求提供咨询服务；确保幕墙方案可实施、合理及经济，并配合设计单位及建设单位完成有关审查备案工作；向建设单位通报其在顾问咨询服务、研究过程中发现的可能影响设计方案质量、进度造价等方面的信息，并提供解决方案；施工过程中配合建设单位对施工方案提出的修改建议，参与项目施工质量与结构安全分析等。

为保证深化设计的效果，采取了以下措施：

1）每周进行一次设计例会，由相关单位参加，现场讨论并解决深化图纸所遇到的问题。

2）设计单位安排设计人员驻施工现场，设计人员需要对现场整体施工有所了解，现场发现的问题应及时与幕墙技术人员进行沟通，如有需要及时下发设计变更。

3）深化图纸所使用的规范及相关规定应当为最新版本，幕墙施工图纸必须经设计单位、建设单位及政府有关部门审批。

4）幕墙深化设计不得违反合同、降低质量标准，并经设计单位、建设单位审批同意，幕墙设计不得超越幕墙工程范围改动原设计单位的图纸，涉及其他专业时必须经批准。

5）幕墙交界部位的深化设计须在建设单位的组织下，由各幕墙分包单位会签，统一材料、构造及施工工艺。

6）幕墙深化设计应该完整、详尽，表达方式应规范化，严格控制图面不规范、深度不够、图纸不全的现象。应有详尽的施工图说明和施工要求，不能缺少节点大样图，应包含预埋件锚固节点、钢架焊接节点、铝板安装大样图、龙骨框架的应力变形等计算书，对避雷、防火、防排水措施（如幕墙自身避雷接地系统的设置分布、引出线的材料和截面尺寸与主体结构防雷系统连接等）在设计图、大样图上标注清楚。

7）确保幕墙设计不滞后于主体工程进度，在结构上及时设预埋件，保证幕墙与主体结构的可靠连接。

深化设计完成后，进行幕墙的四性试验，检验幕墙体系的气密性、水密性、抗风压性能、平面内变形性能，四性试验在板块构件加工生产前完成，以避免幕墙体系的缺陷，保证建筑功能和观感效果，在试验前审查试验图纸中的性能指标、相关参数是否与合同、建筑施工图相符，各单位全程参与试验，检查试验部件是否与图纸相符，避免发生擅自改动试验板块材料、构造等问题。

2. 单元体加工质量管理

1）材料检验

进场材料应经质检人员核实产品型号、数量、是否有合格证及质量情况，未发现问题时由加工厂负责人签收。进场材料分类存放，有进场时间和领用记录，并报监理单位进行抽检。严格检查结构胶、密封胶的有效期限和使用截止日期，严禁使用过期胶，检查单组分硅酮胶、双组分硅酮胶的相容性实验报告，进口硅酮胶应具有商检报告；铝型材经质检验证合格方可使用；玻璃应有合格证，镀膜完好无划伤，中空玻璃胶层完好，有弹性；背板阴影盒检查表面质量，正面无脱漆、划伤等表面缺陷，厚度符合设计要求，表面划伤≤3处且总长≤100mm，擦伤≤3处且总面积≤200mm²；保温岩棉品牌、厚度要符合要求；铝板涂层表面应平滑、均匀，不允许有流痕、皱纹、裂纹、气泡、脱落及其他影响使用的缺陷，检验件与经确认的色板（或样板）应无明显色差。

2）组框

正式加工前应对工人进行技术交底，按工艺要求、标准和设计要求施工，在首件加工完成后经质检人员、监理单位检查合格后再批量加工。加工过程中分组进行，以便更好地追踪，并制作工序卡（每块单元体都有唯一编号），自检互检合格后签字，各主要工序报监理单位验收，抽检合格后签字。

组装前，应对横竖料交接处涂胶部位擦洗干净，检查连接孔径的开模大小是否符合设计标准。横向型材螺钉连接孔不允许自行扩孔。组框时，在型材拼接处涂密封胶，涂胶宽度大于型材壁厚，厚度大于2mm，副框四周打胶要连续、美观。组框要求自攻钉粘密封胶固定，并把螺钉帽用密封胶堵实，封胶厚度不小于2mm，并进行整形，确保封胶美观，不许有遗漏。组框完成后要把外框转角处用密封胶堵实并及时检查拼缝高低差及对角线尺寸。在指定地点进行存放并做好标识。

组框允许偏差见表 3-19。

幕墙组框允许偏差

表 3-19

项目	尺寸范围/mm	允许偏差/mm	检测方法
框架（长度）尺寸差	≤2000 >2000	±1.5 ±2.0	钢卷尺
分格（长）宽度	≤2000 >2000	±1.5 ±2.0	钢卷尺
框架对角线尺寸差	≤2000 >2000	≤2.5 ≤3.0	钢卷尺
连接缝高低差		≤0.5	深度尺
接缝间隙差		≤0.5	塞尺
框面划伤		≤3 处且总长≤100mm	
框料擦伤		≤3 处且总面积≤200mm²	

3）背板安装

背板尺寸应与图纸尺寸一致，背板四周要打密封胶，并且固定牢固，保证背板每边高度一致，高低差应≤2mm，确保背板四周折边与横竖型材之间的间隙一致均匀，间隙应小于 2mm。

4）岩棉安装

核实岩棉的厚度是否符合设计要求的 80mm，切割岩棉时应保证岩棉四周间隙小于 5mm，岩棉定位尺寸无法满足要求时，应将缝隙补满岩棉。保温钉的数量要充足并牢固，严禁小块拼装岩棉。

5）胶条安装

依据加工图纸要求选配、剪切、安装胶条，确保 45°拼缝。穿好的胶条要求平整、正常伸缩状态，要求将胶条两端用胶固定，防止施工过程胶条脱落，对于两端的胶条预留量按设计及各工艺的要求定，通常要求两端各留 25mm，横梁与立柱交接处的防水胶必须施打饱满。泡沫棒填充要保证胶深 5mm，控制在 5mm～6mm 之间，泡沫棒大小依据位置而定，不能用多根缠在一起使用。垫块要放到指定位置，分限位块和承重块，保持玻璃与挡板宽度一致。

6）窗扇安装

窗扇安装要牢固，定位准确，开启角度要符合设计要求。窗扇安装时要有防脱安装，严格按照窗扇安装顺序：执手安装、转角器安装、锁条安装、锁座安装、风撑安装、窗扇安装。风撑安装注意开启角度应达到设计要求 50°，开启距离不大于 500mm。窗扇挤角处要做注胶处理，角铝注胶槽及型材端面拼角处清理干净，组角角铝挤压槽内应涂满组角胶并且必须在 15 分钟内进行组角，窗框端面周围应涂满密封胶。

7）玻璃安装

粘贴双面胶贴尺寸要满足设计要求，粘贴要平整、牢固、避免废料拼接。EPDM 胶条安装要连续，不允许有断开现象。玻璃应居中安装，玻璃四周与护边的间隙一致，玻璃位置偏差应小于 1mm，保证玻璃完全与结构胶粘接到位，以胶溢出为准，玻璃安装时要按"两布法"清洁框注胶面，玻璃表面的平整度应控制在 2mm 以内。

8）注结构胶

施打前要做双组分结构胶混合后的蝴蝶试验和拉断试验，合格后方可施打结构胶。要求注胶间设有温湿度计，并无粉尘、通风良好，并由当班负责人按要求填写注胶记录，冬施时要有升温和加湿措施。余胶不允许回填使用。要求胶缝光滑、胶体饱满，周边无余胶。角部和下方玻璃垫块位注胶时一定要饱满。所有施打密封胶位置及结构间隙保证被密封胶覆盖，要求严密、无虚胶。要留置结构胶小样剥离试验，样件固化后（一般为7天）用刀片沿一段割开用大于90°的角度用力拉，看胶体是否与型材分离，全部合格时从板块成品中随机抽取一件做玻璃板块成品切胶剥离试验，当有一件不合格时从板块中随机抽取1%（不少于两件）做玻璃板块成品切胶剥离试验，检查板块打胶质量。

要求及时填写硅酮结构胶打胶工序检验记录、双组分硅酮结构胶蝴蝶试验记录、双组分硅酮结构胶拉断试验记录、硅酮结构胶小样剥离实验记录、硅酮结构胶板块剥离试验记录。

9）密封胶

施打密封胶前要安装泡沫棒，填充要密实，护边型材和胶条搭接要严密，密封胶施打要饱满，转角部位交接处应自然形成45°角。

10）养护

单元体加工完成后，养护应按照硅酮胶产品说明书的规定确定固化时间，用作结构胶小样剥离试验的试样在与板块相同条件下养护固化。

11）储运及出厂

单元体由质检人员、监理单位验收合格后，才能允许下生产线落架，货架出车间时应满足单元体要求的养护期。做四性试验的板块，监理单位要全程跟踪，控制好每个细节。出厂前监理单位对已完成的单元体抽检做淋水试验，每100块抽取不少于2%，发现不合格产品加倍抽测。监理单位日常工作中要留置影像资料、工序卡、报验单和发货单。出厂时单元体要贴好合格证和标识，并经监理单位签字确认。

3. 测量定位控制

T3项目幕墙施工测量定位尤为复杂，测量精度要求高，幕墙测量定位控制措施如下。

1）测量放线时布设大量坐标控制网，对埋板、平台龙骨、吊顶龙骨、铝板进行多次测量、反复定位，以保证精确到位，同时根据地面布设的坐标控制网对每层测量情况进行检查，并记录测量结果，及时纠偏。

2）铝板系统为渐变曲线铝板，尤其是在侧挂板的安装时，对侧挂板的标高、水平尺寸、铝板角度都需要精确地控制，以保证平台、吊顶板的安装。

3）铝板板块分格放线时必须准确，铝板板块进场时需核对数量、规格、编号，并对号安装。

4）铝板安装完毕后，从铝板空间模型中倒出坐标，用全站仪对现场安装铝板的进出、标高进行现场复测，若现场安装铝板误差超出规范要求，立即进行调整，调整完毕后，再进行复测，直至误差调整至允许范围内。

4. 隐蔽工程验收

1）埋件质量问题处理

埋件质量直接影响幕墙的安全，埋件的定位决定幕墙下一工序的精准度，对埋件的质量以及埋设过程进行严格控制，落实了以下工作：

（1）检查进场埋件质量（包括表面镀锌层厚度），发现埋件爪筋断裂等问题，将检查出的不合格预埋件进行标识及退场处理。

（2）检查埋件的定位，依据埋件点位分布图、幕墙板边线定位图，在CAD图上对每个埋件的中心进行精准坐标标注，利用全站仪直接在楼板上打出埋件中心点的坐标，逐个埋件进行定位复核。

（3）楼板混凝土浇筑后，检查埋件发现问题包括：部分与结构之间存在缝隙、少数移位或不平整、无法利用，采取高标号混凝土填实、将预埋件切除并做后置埋件等方式处理并重新验收。

2）骨架定位检查

（1）铝板系统主龙骨为一榀榀钢架，整榀钢架已在钢件厂家加工完成，钢架上已将横竖龙骨连接及钢架与顶埋侧出的钢支座连接所需的圆孔打好，横龙骨为4mm不等边U型折弯钢件，固定铝板的挂件扣在横龙骨上，因此重点检查横向龙骨的定位是否准确。

（2）曲线不规则部位，对每榀钢架进行编号，严格按照编号布置图核对检查，在布置图中，给出了平台板和吊顶板的横向龙骨在钢架中心方向上与玻璃的距离尺寸，此尺寸用来复核钢架安装完成后，保证铝板位置正确，见图3-85。

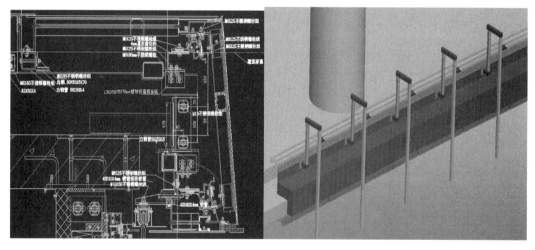

图3-85　铝板骨架定位安装

3）避雷验收

（1）检查每层避雷均压环的做法：用通长L75×6mm角钢将每层一周圈与幕墙底部钢支座连接，形成围绕楼体的均压环；检查均压环与主体结构的防雷体系连接做法：幕墙底部钢支座→连接用直径12mm镀锌钢筋→建筑避雷引出40mm×4mm扁钢（与主体结构的防雷体系连接）。连接用直径12mm镀锌钢筋两端连接处焊缝长度≥100mm，焊缝高度5mm，所有焊缝均做防腐处理。

（2）检查铝板防雷做法：相邻的外围侧挂铝板均用铜编织线连接，铜导线与纵向槽钢连通，整层侧挂铝板形成一体，且与纵向槽钢均压环导通。

（3）幕墙防雷设计按《建筑物防雷设计规范》（GB 50057—2010年版）的有关规定，形成自身的防雷体系，与主体结构的防雷体系可靠连接，并测试检验保证综合接地电阻≤0.5Ω。

第4章　一体化管理

在企业发展战略中，一体化就是将独立的若干部分加在一起或者结合在一起成为一个整体的战略。其基本形式有纵向一体化和横向一体化。纵向一体化，即向产业链的上下游发展，可分为向产品的深度或业务的下游发展的前向一体化和向上游方向发展的后向一体化；横向一体化，即通过联合或合并获得同行竞争企业的所有权或控制权。

区别于企业发展战略中的一体化概念，本章中的工程管理一体化，是指当前工程项目各参建单位以工程需求为核心，共同建立并维护统一的管理流程和合理分工，确保在时间上的纵向流水穿插，以及空间上的横向无缝衔接的需求与实践活动。

超高层建筑，由不同功能的群体建筑组成，占地面积和施工范围大，多标段、多控制节点及各专业系统的交叉影响，计划管理成为公认的难题。超高层写字楼工程管理涉及多专业、多企业、多过程，区别于传统总包—分包及设计—施工的分工模式，多采取"设计—采购—施工"复合模式，"在专业化分工的背景下，如何保证总体效果"已成为工程管理的焦点。合理的合同体系、明确的界面划分是解决难题的基础条件，在工程实施中要建立有力、高效的管理体系，并实行严密的控制协调工作，使管理"更上一层楼"。

成功的项目中，建设单位与工程项目参建各方之间的相互关系已发生了深刻的改变，战略合作、动态联盟、虚拟企业等不再仅仅是前沿研究课题，在工程实践中已取得突破性发展，一体化管理使传统的对立、博弈走向合作、互助，提升了管理的层次和境界。

本章对望京SOHO—T3项目的工程进度情况进行了介绍，总结了超高层写字楼工程背景下的计划管理实践成果，对超高层写字楼工程中钢结构深化设计、精装修协调组织方面有实效的管理措施进行了介绍，总结了在工程管理一体化背景下的进度控制、深化设计、协调配合等方面的实践成果。

4.1 工程计划管理

望京 SOHO 中心是集商业、办公于一体的大型综合项目，整个建筑群由三栋塔体主楼组成，地下室为统一整体，工程按三栋塔楼主体划分为三个标段，分别由三家总承包施工单位负责三个标段的施工，其中望京 SOHO—T3 标段主楼建筑高度为 200m，建筑面积为 165193m²，地下室为钢筋混凝土结构，核心筒墙体内钢柱生根于地下室底板上，核心筒外钢管混凝土柱生根于地下二层楼板以下框架柱内，地下室面积每层约 1.2 万 m²，地上部分每层约 4000m² 至 2000m²，由中建一局发展有限公司承担施工总承包。望京 SOHO 工程地下土方开挖施工全部由 T2 标段总承包单位负责，SOHO—T3 标段的桩基施工是由专业分包单位负责施工，总承包施工自基底交接后开始。

整体工程计划竣工日期为 2014 年 6 月 30 日，望京 SOHO—T3 作为群体工程中的主塔楼，其计划安排的原则为：

1）首先要服从于整体工程竣工目标，SOHO—T3 标段桩基开工日期为 2011 年 10 月 24 日，基底交接时间为 2011 年 11 月 30 日（即总包开工日期），共计 944 天（含桩基施工总工期为 984 天），确保 2014 年 6 月前达到验收条件。

2）由于 T3 在三个标段中是最后竣工，还须保障 T1、T2 标段的竣工日期，在完成地下室结构验收后立即插入地下室的机电安装和装修施工，确保 B3 人防区域在 2013 年 9 月前达到验收条件；局部室外园林和小市政工程同样须提前至 2013 年 6 月开始（剩余部分需在 2014 年 5 月 20 日完成）；以便配合 T1、T2 标段实现 2013 年 9 月竣工。

3）部分商业用房装修按经营要求在 2014 年 5 月完成。

4）按照先地下，后地上；先主楼，后裙房；先结构，后围护；先主体，后装修；先土建，后安装的总体施工顺序进行施工，分为如下阶段：灌注桩施工、基础底板施工、地下结构施工、地上主体结构施工、屋面结构施工、幕墙安装、机电主干管线安装、机电设备安装、室内装修、室外工程、调试与竣工验收等，按一体化管理的思路确定阶段性工期目标（表 4-1）。

阶段性工期目标 表 4-1

工 程 类 别	阶段控制点	目 标 日 期
各节点完成时间	核心筒地下室完成	2012 年 6 月 18 日
	地下室结构完成	2012 年 7 月 15 日
	主体结构完成	2013 年 5 月 31 日
	屋面工程完成	2013 年 8 月 28 日
	地下室初装修完成	2013 年 6 月 22 日
	地下精装修完成	2013 年 12 月 30 日 （局部与地下规划施工相关部位 2013 年 9 月 1 日完）
	地上初装修完成	2013 年 10 月 31 日
	地上精装修完成	2014 年 4 月 30 日

工 程 类 别	阶 段 控 制 点	目 标 日 期
各节点完成时间	幕墙玻璃封闭	2013 年 9 月 27 日
	幕墙工程完成	2013 年 12 月 3 日
	机电工程完成	2014 年 5 月 30 日
	市政园林工程	2014 年 5 月 20 日
竣工验收及工程交付	人防验收	2013 年 7 月 15 日
	地下室规划验收	2013 年 9 月 3 日
	电梯验收	2014 年 4 月 7 日至 4 月 16 日
	消防检测	2014 年 5 月 15 日
	消防验收	2014 年 5 月 31 日
	节能验收	2014 年 5 月 21 日
	无障碍验收	2014 年 5 月 26 日
	园林验收	2014 年 5 月 21 日
	室内环境检测	2014 年 5 月 5 日至 5 月 19 日
	水质检测	2014 年 5 月 26 日
	规划验收	2014 年 6 月 2 日
	档案馆预验收	2014 年 5 月 29 日
	四方验收	2014 年 6 月 10 日
	竣工备案	2014 年 6 月 30 日

5) 主楼区域施工作为进度的关键线路，为充分利用空间和时间，实施分段流水、专业交叉，尽早开始插入各专业施工，尽早移交后续专业施工，结构验收采取分阶段验收的方式。

6) 机电安装进度服从施工总控进度计划安排，保证各装修工序的施工进度，选择合理的穿插时机，按总体进度计划进行统一组织、安排和协调。

7) 进入装修阶段后，室内和外墙装修同样存在许多交叉。总体遵循的原则为：先外后内。内装修要为外部装修提供条件和创造工作面，在此期间外装饰装修始终处于总控计划中的关键线路上。

8) 本工程室外工程由其他专业分包商施工，为保证工程能按期竣工，在室外施工和工程收尾阶段，机电安装、装修与室外的立体交叉施工处于关键地位。因此，在场地布置、工序安排、现场道路、临电、临水等各方面，加强现场协调、配合，采取有效措施为室外总图施工创造条件。同时室外的施工也要尽量为机电和装修提供便利，作到相互协助。

4.1.1 总体工程进度与计划管理实施情况

1. 组织土方向桩基分段移交、确保后续施工

望京 SOHO 土方工程由 T2 标段总承包单位负责，按照合同约定当土方开挖至 −22.65m（预留 1500mm 土方）时由 T2 标段总承包单位向 T3 标段总承包单位进行工作面移交。土方开挖自 2011 年 5 月 10 日开始进行，计划于 10 月 1 日完成 −14m 以下土层

开挖并进行移交，但由于受天气等不利因素影响，土方开挖工作面的移交难以按期进行，总包单位提前介入施工，对土方施工、桩基施工进行总体协调部署，分阶段分区域交接作业面，根据本工程基础结构情况，优先提供打桩施工区域，至 10 月 24 日 T3 标段土方开挖至−16m 时基础桩分包单位开始灌注桩施工，然后进行基坑下一步开挖至−22.4m，插入桩头剔凿和桩间土的清理，在基坑西侧留置施工坡道便于土方清运，塔吊基础安排在−22.4m，桩基施工时先进行南侧塔基附近的桩基施工，保证塔吊基础。

2. 分区施工基础底板、先浅后深

望京 SOHO—T3 主楼部位地下 4 层，为灌注桩基础，其他部位地下 3 层，为天然地基。按计划底板施工按照后浇带的划分分段进行，由深至浅、由东向西进行，先施工地下四层底板，同时进行地下三层的钎探验槽和垫层施工，地下区域划分情况见图 4-1、图 4-2。

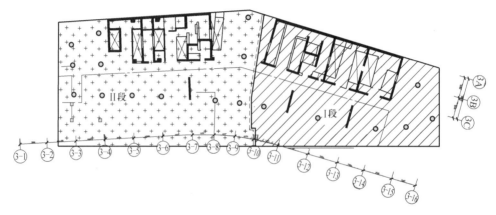

图 4-1　地下四层流水段划分图（仅主楼部分）

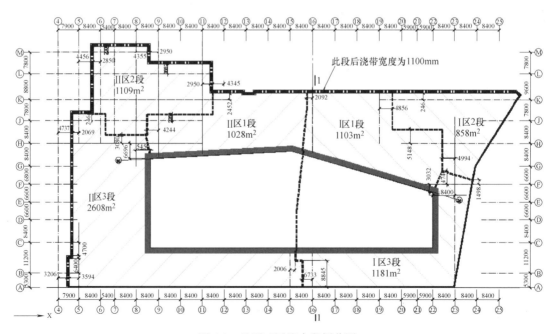

图 4-2　地下三层流水段划分图

实际施工中，根据土方分段交接的调整，考虑到地下部分的地下三层基础底板施工不受基础桩施工影响，采取先浅后深的安排，地下三层基础提前于地下四层基础底板在2011年11月30日开工，地下四层底板施工在2012年4月4日完成，与主楼相邻区域的底板混凝土浇筑与地下四层墙体同时进行，于2012年4月25日全部完成。

3. 及时插入主楼区域地下钢结构，按时出地面

地下结构施工中将主楼区域作为进度的关键线路，进行流水施工，主楼区域施工工序如下：测量放线→桩头剃凿→垫层和防水→B4底板钢筋绑扎施工→B4钢柱脚预埋→B4底板混凝土浇筑→B4钢柱安装、墙体钢筋绑扎→相连处B3底板钢筋绑扎施工→B4墙体混凝土施工（外墙与B3底板一同浇筑）→B4顶板施工→B3钢柱安装、墙体钢筋绑扎→B3顶板施工→B2钢柱安装、墙体钢筋绑扎→B2顶板施工→B1钢柱安装、墙体钢筋绑扎→B1顶板施工。

主楼墙体型钢和钢柱分别从地下四层和地下二层开始，钢结构加工提前于2011年11月开始，根据混凝土结构施工的进度在钢筋绑扎前插入安装。地下结构施工正值冬期，跨越了一个春节，春节前完成了主楼区域底板垫层，2012年6月14日完成主楼区域的地下室结构，地下室结构验收在2012年8月15日进行。

地下结构施工完成后，立即进行地下室外墙防水和基槽回填，填至与地下一层顶板持平，用于地上主体施工期间材料的堆放和运输。

4. 地上结构实施不等高同步攀升施工和分段验收

地上结构按核心筒结构和外围钢结构划分两部分，组织实施"不等高、同步攀升"施工，按照"核心筒墙体和筒内混凝土楼板连梁施工（含核心筒内钢柱和钢埋件施工）→外围钢框架吊装（含钢管柱内混凝土浇筑）→压型钢板铺装→组合楼板钢筋混凝土（含楼梯等二次结构施工）→钢结构防火喷涂"的总体施工顺序组织施工。

为保证核心筒结构领先及施工进度，核心筒墙体模板采用液压爬模，施工工艺如下：F1层核心筒钢柱钢梁安装→墙柱钢筋绑扎→F1层墙柱支模→F1层墙柱混凝土浇筑→F2核心筒墙体施工→爬模安装→F3核心筒墙体施工→F4核心筒墙体施工→F5核心筒墙体施工→上一层核心筒墙体结构施工→F1层核心筒内梁板施工→上一层核心筒梁板施工→外框筒钢柱安装→外框筒钢梁安装→钢柱内灌混凝土→外框筒压型钢板安装→压型钢板混凝土施工→上一层外框筒钢结构。施工地上核心筒结构采用爬模，一、二层组装爬架，三层开始爬升。先施工墙体，核心筒内的楼板和部分墙体待模板爬升后再进行施工。滞后爬模作业面4～6层。

2012年春节后即开始进行爬模方案论证和组装准备工作，在地上三层开始模板正常爬升作业，核心筒内的水平结构（包括楼梯）与压型钢板混凝土同时浇筑。

核心筒实际结构施工从2012年4月10日开始，8月15日施工至地上6层，随即插入钢结构的安装。2012年8月16日开始钢结构安装，2013年4月13日核心筒45层结构封顶。外围钢结构在20层以下按照2层一柱安装。20层以上按照3层一柱安装。外围钢结构滞后核心筒5～6层，封顶时间为2013年5月29日。钢结构安装由3台塔吊负责，单节柱重基本全部覆盖在相应塔吊吊重的范围内。钢柱钢梁吊装分两个施工区同时进行，由1台内爬，1台内附着塔分别负责两侧的钢结构施工，南侧和中部的钢构件吊装则由外塔来完成。钢柱吊装完成、检验合格后，再进行钢梁的安装。

钢管柱内混凝土采用泵送顶升法灌注。一节钢构件安装完成即可进行压型钢板的铺设和钢筋绑扎。柱内混凝土顶升后方可进行楼板混凝土浇筑。为保证超高层安装，通过计算钢结构与核心筒结构的变形差调节钢结构柱长度，确保变形后高程一致。

钢结构安装后，分阶段进行钢结构验收，分为 1～5 层，6～10 层，11～15 层，16～25 层、26～35 层、36～45 层，共分 6 次验收。

5. 地下室分区插入装修和机电安装、确保人防验收

由于地下室的机电和装修直接影响工程交工，同时为确保 2013 年 9 月 30 日完成地下人防验收，以便配合 T1、T2 标段 2013 年 9 月 30 日竣工，在 2012 年 8 月 15 日完成地下室结构验收后，立即插入地下室的机电安装和装修施工，包括隔墙砌筑、地面细石混凝土施工，随后插入卷帘门安装和墙面装修，随机电管线安装收尾，进行吊顶和顶面装修和表面器具安装，装修标准高的部位作为独立的装修施工区域，在首层装修竣工前完成。B3人防区域在 2013 年 9 月 30 日前达到验收条件，编制专项人防验收计划，包括所有相关人防的结构、装饰、机电安装和调试等。其余商业用房装修在 2014 年 5 月 4 日完成。

6. 分段插入地上幕墙、机电和装修施工，保障总工期目标

幕墙的安装在 F1～F12 结构验收后 F20 层楼板混凝土浇筑完成插入。幕墙施工前在F20 层搭设外装修施工的硬防护架，确保垂直交叉施工安全。幕墙安装按照先施工窗框和铝板龙骨，后进行铝板安装和玻璃安装，最后进行幕墙收口部位包括塔吊、外用电梯等部位的施工，按 8～10 天/层进行安排，2013 年 9 月 27 日完成单元体幕墙安装，2013 年 12月 3 日完成铝板幕墙安装。

机电安装和室内初装修在结构验收后分阶段插入，2012 年 10 月 21 日分阶段开始，持续施工时间 6～7 个月，2013 年 6 月 3 日开始交付室内精装修，2013 年 9 月 17 日全部移交完成。

机电管线安装按照：管井立管线施工→水平主干管施工→水平支管线（机房设备安装)→末端器具配合→综合调试顺序依次施工。机房内的设备安装在主干管线完成后逐步插入，为了加快机电施工进度，采用分段分部位打压的方式保证水平管线施工紧跟管井管线施工。管井管线安装完毕后，装修开始封闭隔墙管井，为内装修创造条件。吊顶主干管在吊顶主龙骨之前施工完毕，水平支管安装跟随吊顶次龙骨施工，相应进行安装和调整。机电和装修施工在水平楼层不再划分施工段。地下室吊顶管线施工完成之后，安装机房设备，设备就位之后开始机房内管线施工，最后进行设备调试。整个系统管线完成之后分系统进行综合调试。

7. 垂直运输

核心筒结构施工至 F6 层即分别在东、西两个核心筒内进行双笼电梯安装，负责核心筒结构施工期间人员的通行。核心筒内东侧电梯负责 B4～F45 层的运输，西侧电梯负责B4～F28 层的施工。结构施工至 F20 层在楼外安装一台外用电梯，负责 F1～F28 层的施工。

核心筒内施工电梯采用高速电梯 SC200/200Z。F22 层结构验收完成，即插入低区正式电梯的安装，F43 层结构封顶后即插入高区消防电梯安装。中区正式电梯安装完成后用于材料运输，此时拆除安装在楼外的外用电梯。

高区施工用电梯安装完成后拆除安装在楼内部的施工电梯，以保证材料和人员的垂直

运输。

4.1.2 钢结构工程进度与计划管理实施情况

1. 钢结构进度计划的编制

望京 SOHO—T3 项目钢结构安装历时 16 个月，共完成 1.8 万 t、1.5 万件钢构件的安装，其中还包含大量非标构件和斜柱，节点复杂，详图工作量大，加工难度大。

在进行地基垫层施工的阶段，钢结构已开始施工准备工作的实施，如钢结构加工厂的考察、钢构原材的采购、深化图设计的展开等。根据实际情况来看，现场第一节钢构件的安装，从材料采购、深化图设计、加工厂加工、运至现场安装至少需要 4～6 个月的时间才可实现。

望京 SOHO—T3 工程从地下四层开始，其主体结构主要由钢结构构成，钢结构的安装进度直接制约后续专业的施工，是工程进度中的关键工作。

本工程钢结构总计划工期（含钢材备料、深化设计、钢构件加工、钢结构安装）为 577 日历天（2011 年 12 月 29 日至 2013 年 7 月 25 日）。在进行计划编制时，需满足如下要求：

1）满足总控计划的要求

望京 SOHO—T3 工程计划总工期（垫层施工至工程竣工备案）为 983 日历天（2011 年 10 月 22 日至 2014 年 6 月 30 日），地基基础至结构封顶的工期为 508 日历天（2012 年 3 月 5 日至 2013 年 7 月 25 日），钢结构施工须在 2013 年 7 月 25 日前完成，且钢结构现场开始安装的时间应满足地下四层核心筒施工的时间要求。

2）满足施工部署的要求

本工程施工至地上主体结构阶段，将采用液压爬模的施工技术，即先行进行核心筒区域的钢骨柱和钢梁的安装，然后进行核心筒的土建施工，再进行外框钢骨柱的安装，内筒钢骨柱的安装会领先于外框圆管柱，内筒施工进度领先外框 4～5 层。

2. 保障钢结构的垂直运输要求

在土方清理前，完成塔吊基础的施工和塔吊的安装，并完成调试，以便及时进行后续施工，包括土方清运。地下室施工期间安装 3 台塔吊，分别为 1 台 ST7030 塔吊，臂长 70m；1 台 Q7030 塔吊，臂长 70m；一台 ST6015，臂长 55m。

三塔都坐在 B3 底板下，其中一台 70m 臂长的 Q7030 塔吊受基坑边坡条件限制，需施工 4 根混凝土桩。ST7030 塔吊一直用于主体结构四层施工，主要用于主楼部位结构施工，其余 2 台仅用于地下室阶段施工。

地上施工阶段，考虑钢结构柱子最大直径为 1400mm，壁厚 25mm，且采用了外环板，导致重量增加，且钢柱数量增加，为保证工程进度，设置 3 台动臂塔吊完成钢结构的安装，分别为：1 台 JCD260 塔吊，臂长 50m；1 台 TCR6055 塔吊，臂长 50m；1 台 TCR6030 塔吊，臂长 50m。地上 F1～F4 层核心筒施工采用 ST7030 塔吊，F04 层核心筒施工完成后，安装 TCR6055 塔吊，并拆除 ST7030 塔吊。核心筒施工至五层，开始安装外围钢结构前，完成 JCD260 和 TCR6030 塔吊的安装。这两台塔吊分别安装在东、西两个核心筒内，主要用于六层以上核心筒施工和相关钢结构安装。

钢构件吊装根据塔吊覆盖范围内的吊重确定钢构件重量，需要提前计算最大钢构件重量，验算塔吊是否能满足最大构件的吊装需求。若个别钢构件超出塔吊吊运能力，采用两台塔吊合作抬吊。在抬吊前需进行吊运验算,确保钢构件吊装安全进行。一般动臂塔吊每工作日正常吊装约20次,但需考虑到群塔作业受限、天气变化、塔吊运行故障、塔吊顶(爬)升等因素影响,每工作日钢构件吊装次数会明显降低。

在望京SOHO—T3工程钢构件吊装过程中,若3台塔吊运作正常,每天最多时达70吊次,吊次统计见表4-2。

钢结构吊次统计　　　　　　　　　　　　　表4-2

楼层节数	开始时间	完成时间	共耗时	总吊次	平均吊次
T1 节/B4-B3 层	2012.04.18	2012.04.29	12 天	34 吊次	(无钢梁)
T2 节/B2-B1 层	2012.05.01	2012.05.27	27 天	34 吊次	(无钢梁)
T3 节/L1-L2 层	2012.08.03	2012.08.25	23 天	约 480 吊次	21 吊次/天
T4 节/L3-L5 层	2012.08.26	2012.09.26	32 天	约 700 吊次	22 吊次/天
T5 节/L6-L8 层	2012.09.27	2012.10.17	21 天	约 700 吊次	33 吊次/天
T6 节/L9-L11 层	2012.10.17	2012.11.11	26 天	约 690 吊次	27 吊次/天
T7 节/L12-L14 层	2012.11.11	2012.12.01	21 天	约 680 吊次	32 吊次/天
T8 节/L15-L17 层	2012.12.02	2012.12.19	18 天	约 660 吊次	37 吊次/天
T9 节/L18-L20 层	2012.12.19	2013.01.07	20 天	约 650 吊次	33 吊次/天
T10 节/L21-L23 层	2013.01.07	2013.01.18	12 天	约 630 吊次	52 吊次/天
T11 节/L24-L26 层	2013.01.18	2013.02.22	36 天	约 600 吊次	17 吊次/天
T12 节/L27-L29 层	2013.02.23	2013.03.09	15 天	约 570 吊次	38 吊次/天
T13 节/L30-L32 层	2013.03.09	2013.04.01	24 天	约 520 吊次	22 吊次/天
T14 节/L33-L35 层	2013.04.02	2013.04.16	15 天	约 530 吊次	35 吊次/天
T15 节/L36-L38 层	2013.04.16	2013.05.07	22 天	约 460 吊次	21 吊次/天
T16 节/L39-L41 层	2013.05.01	2013.05.17	17 天	约 420 吊次	25 吊次/天
T17 节/L42-L44 层	2013.05.13	2013.06.06	25 天	约 380 吊次	15 吊次/天
T18 节/L45 层	2013.05.23	2013.06.03	12 天	约 200 吊次	17 吊次/天

通过上表中的统计数据,结合钢构件吊装进度的影响因素分析可知:

1) T10 节以下平均每天吊装约 30 吊次;

2) T3、T4 节(地上 1~5 层)因受核心筒进度制约,吊装进展较慢;

3) T10 节因春节前抢工期,平均每天吊装 52 吊次;

4) T11 节因春节假期、雨雪天气影响,平均每天吊装 17 吊次;

5) 从 T15 节开始,因 4 号塔吊拆除,现场仅剩 2 台塔吊运作,故每天吊次显著减少,平均每天吊装约 20 吊次。一般动臂塔吊每工作日正常吊装约 20 次,但需考虑到群塔作业受限(影响较小)、天气变化(大风、雨雪天气影响吊装)、塔吊运行故障(一般故障解决需 4 天)、塔吊顶爬升(影响较大,望京 SOHO—T3 项目 3 台塔吊顶爬升共用时 71 天)等因素影响,每工作日钢构件吊装次数会明显降低;

6) 核心筒钢骨柱施工领先混凝土结构施工至少一节(2 层),领先外框钢结构至少一节(3 层),这是整个塔楼施工进度的关键节点。工程工期紧,而核心筒钢骨柱安装进度又在整体结构施工进度中最领先的一项,故劲性钢骨柱安装进度应作为工程进度控制重点之一。

3. 钢结构配套计划的编制

根据钢结构总控计划，分别编制相关的配套进度计划，具体包括钢结构设计深化图出图计划、钢结构加工图出图计划、成品钢管采购计划、成品钢管进场计划、钢构原材采购计划、钢梁加工计划、钢柱加工计划、现场钢构件安装计划等，形成整套计划控制体系，如图4-3、图4-4所示。

		深化图		加工图		钢板进场时间	锚栓加工时间（京冶）		钢骨柱加工时间（京冶）		安装时间			
分节	采购清单	开始时间	结束时间	开始时间	结束时间	钢板进场时间	开始时间	结束时间	开始时间	结束时间	开始时间	结束时间	分节	楼层
塔冠										参节滞数10天			塔冠	塔冠
T25				2012年12月17日	2012年12月29日	2013年1月14日	2013年1月29日	2013年3月20日	2013年1月29日	2013年3月20日	2013年4月10日	2013年4月7日	T25	F46 F45
T24	2012年11月30日	2012年6月3日	2012年6月13日	2012年12月4日	2012年12月16日	2013年1月4日	2013年1月19日	2013年3月10日	2013年1月19日	2013年3月10日	2013年3月25日	2013年3月28日	T24	F44 F43
T23				2012年11月23日	2012年12月3日	2012年12月23日	2013年1月20日	2013年3月4日	2013年1月18日	2013年3月4日	2013年3月19日	2013年3月16日	T23	F42 F41
T22				2012年11月8日	2012年11月20日	2012年12月15日	2012年12月30日	2013年2月18日	2012年12月30日	2013年2月18日	2013年3月5日	2013年3月8日	T22	F40 F39
T21		2012年5月19日	2012年6月2日	2012年10月26日	2012年11月7日	2012年12月5日	2012年12月20日	2013年2月8日	2012年12月20日	2013年2月8日	2013年2月23日	2013年2月26日	T21	F38 F37
T20				2012年10月13日	2012年10月25日	2012年11月24日	2012年12月9日	2013年1月28日	2012年12月9日	2013年1月18日	2013年2月2日	2013年2月5日	T20	F36 F35
T19				2012年9月30日	2012年10月12日	2012年11月12日	2012年11月27日	2013年1月16日	2012年11月27日	2013年1月16日	2013年1月31日	2013年2月3日	T19	F34 F33
T18	2012年10月7日			2012年9月17日	2012年9月29日	2012年11月3日	2012年11月18日	2012年12月26日	2012年11月18日	2012年12月26日	2013年1月10日	2013年1月13日	T18	F32 F31/F30/F29/F28
T17				2012年9月4日	2012年9月16日	2012年10月20日	2012年11月5日	2012年12月14日	2012年11月4日	2012年12月14日	2012年12月29日	2013年1月1日	T17	F27 F26
T16				2012年8月22日	2012年9月3日	2012年10月8日	2012年10月23日	2013年2月1日	2012年10月23日	2012年12月17日	2012年12月20日	2012年12月23日	T16	F24 F23
T15				2012年8月9日	2012年8月21日	2012年9月26日	2012年10月11日	2012年11月20日	2012年10月11日	2012年11月20日	2012年12月5日	2012年12月8日	T15	F22 F21

图 4-3　核心筒区域钢结构配套计划示意

			深化图		加工图		成品钢管进场时间	钢梁加工时间（京冶）		钢管柱加工时间（二十二冶）		安装时间			
楼层	分节	成品钢管采购	开始时间	结束时间	开始时间	结束时间	成品钢管进场时间	开始时间	结束时间	开始时间	结束时间	开始时间	结束时间	分节	楼层
塔冠		2012年12月18日	2012年10月4日	2012年11月3日	2012年12月7日	2013年1月2日	2013年1月7日			2013年2月1日	2013年5月2日	2013年6月1日	2013年7月25日	塔冠	塔冠
F48 F47 F46	T18				2012年10月30日	2012年11月14日	2013年2月28日	2013年3月15日	2013年4月20日	2013年3月15日	2013年4月29日	2013年5月14日	2013年5月18日	T18	F48 F45 F44
F45 F44 F43 F42	T17	2012年12月29日			2012年10月29日	2012年11月13日	2013年2月28日	2013年4月4日	2013年4月14日	2013年2月28日	2013年4月14日	2013年4月29日	2013年5月13日	T17	F43 F42
F41 F40 F39	T16				2012年10月15日	2012年10月28日	2013年1月28日	2013年2月12日	2013年3月29日	2013年2月12日	2013年3月29日	2013年4月13日	2013年4月28日	T16	F41 F40
F38 F37	T15		2012年6月3日	2012年6月24日	2012年9月27日	2012年10月12日	2013年1月2日	2013年2月25日	2013年3月15日	2013年2月17日	2013年3月15日	2013年3月28日	2013年4月12日	T15	F39 F38 F37
F36 F35	T14				2012年9月11日	2012年9月26日	2012年12月17日	2013年1月2日	2013年2月25日	2012年12月25日	2013年2月25日	2013年3月12日	2013年3月27日	T14	F36 F35
F33 F32	T13	2012年11月1日	2012年5月19日	2012年6月2日	2012年8月28日	2012年9月10日	2012年12月1日	2012年12月16日	2013年2月9日	2012年12月16日	2013年2月9日	2013年2月24日	2013年3月11日	T13	F32 F31 F30 F29
F28 F27 F26	T12				2012年8月10日	2012年8月25日	2012年11月29日	2012年12月14日	2013年1月15日	2012年11月29日	2013年1月15日	2013年1月28日	2013年2月15日	T12	F28 F27 F26
F25	T11				2012年7月25日	2012年8月10日	2012年11月11日	2012年11月26日	2012年12月26日	2012年11月11日	2012年12月26日	2013年1月10日	2013年1月24日	T11	F25

图 4-4　外框区域钢结构配套计划示意

4. 钢结构月进度计划

每月按工程实际进展情况，编制月进度计划，其计划中应包含：钢结构加工图进展情况、钢构原材进场进度情况、加工厂加工进度情况、现场钢构件安装进度情况。

月进度计划的编制应以总控计划的时间节点为准，并结合现场实际情况进行编制。月进度计划的时间节点不可超过总控计划的要求，如图4-5所示。

每月20日上报次月施工进度计划，并以此组织召开月进度计划讨论会。主要是针对总控计划的要求，对月进度计划逐项进行审核，当发现某单项进度滞后，分析讨论滞后原因，并制定处理措施。施工单位根据讨论结果对月进度计划进行调整，于每月25日前完成上报，并依据此计划监督月进度计划的落实情况。

图 4-5　钢结构月进度计划

5. 钢结构周进度跟踪对比

施工单位以周报的形式汇报本周钢结构加工、安装的完成情况，以此为实际进度与月计划、总控计划进行对比。一般计划编制要求为：月进度计划作为一个预控指标，即应领先于总控计划，当周计划滞后于月计划时，应及时分析滞后原因，并采取纠偏措施，以保证总控计划的顺利进行。周报见图4-6。

1.2 钢结构工程：

序号		计划内容	完成时间	上周计划完成	上周实际完成	与周计划对比	与月计划对比	与总计划对比	备注
1.1	技术准备	T13 节钢骨柱及暗梁、埋件加工图纸(F21-F23层)完成	07.30	50%	50%	0	0	0	
1.2		T8 节钢管柱及钢梁加工图纸(F15-F18层)	07.24	100%	100%	0	0	0	
1.3		T9 节钢管柱及钢梁加工图纸(F18-F21层)	07.30	40%	40%	0	0	0	
序号		计划内容	完成时间	上周计划完成	上周实际完成	与周计划对比	与月计划对比	与总计划对比	备注
2.1	材料部分	F11-F20暗梁材料进场	07.30	100%	100%	0	0	+21	
2.2		F7-F11层顶钢梁材料进场	07.30	100%	100%	0	0	0	
2.3		F6-F11层顶钢管柱节点板进场	07.30	100%	100%	0	0	0	
2.4	加工部分	T6 节钢骨柱加工（F7-F9层总计56根完成）装配完成组焊完成	07.30	70%	70%	0	-2	0	
2.5		T7 节钢骨柱加工（F9-F11层总计56根完成）下料完成	07.30	100%	100%	0	0	0	
2.6		T6 节暗梁加工（F7-F8层顶完成）	07.30	100%	100%	0	0	+1	
2.7		T7 节暗梁加工（F9-F10层顶完成）	07.30	60%	60%	0	0	0	
2.8		T3 节钢管柱加工（F1-F3层总计34根加工完）安装牛腿及附件	07.30	100%	90%	-3	-3	0	
2.9		T4 节钢管柱加工（F3-F6层总计34根加工完成）	07.30	50%	50%	0	0	0	
2.10		F1-F2层顶钢框梁加工	07.30	100%	100%	-5	-5	0	
2.11		F3-F5层顶钢框梁加工	07.30	50%	50%	0	0	0	

图 4-6　钢结构施工进度周报

在进行钢结构施工进度管理时，主要采取了严格的进度跟踪管理措施。每周上报周报，并在每周例会中对钢构加工、安装进度情况进行汇报，每周根据现场周报、加工厂周报，检查加工厂加工进度和现场安装进度情况，对滞后的部位进行重点跟踪，调查滞后原因。于每周例会时向建设单位进行汇报，并要求施工单位汇报处理措施，形成会议决议，督促其整改落实情况。

周计划跟踪对比由监理单位专业工程师负责完成，进度跟踪的表示方法根据颜色进行标识，如白底表示按计划完成、浅灰底为即将到达计划工期、深灰底表示进度滞后，如图4-7、图4-8所示。

现场安装进度：

序号	计划内容	至9月24日加工完成情况	安装时间	完成时间	安装时间	备注
1	T5节钢骨柱	已安装完成	计划时间：2012.8.2 实际时间：2012.7.23	计划时间：2012.8.5 实际时间：2012.8.3	计划时间：3d 实际时间：10d	对比计划，提前2d；
2	T6节钢骨柱	已安装完成	计划时间：2012.8.16 实际时间：2012.8.8	计划时间：2012.8.19 实际时间：2012.8.22	计划时间：3d 实际时间：14d	对比计划，滞后3d；
3	T7节钢骨柱	已安装完成	计划时间：2012.8.29 实际时间：2012.8.22	计划时间：2012.9.1 实际时间：2012.8.31	计划时间：3d 实际时间：9d	对比计划，提前1d；
4	T8节钢骨柱	安装完成	计划时间：2012.9.5 实际时间：2012.9.8	计划时间：2012.9.10 实际时间：2012.9.11	计划时间：5d 实际时间：	安装完成
5	T8节钢梁	安装完成	计划时间：2012.9.5 实际时间：2012.9.10	计划时间：2012.9.10 实际时间：2012.9.14	计划时间：6d 实际时间：6d	安装完成
6	T9节钢骨柱	安装完成90%	计划时间：2012.9.18 实际时间：9.18	计划时间：2012.9.23 实际时间：	计划时间：6d 实际时间：	滞后1d
9	T9节钢梁	安装完成85%	计划时间：2012.9.18 实际时间：9.18	计划时间：2012.9.23 实际时间：	计划时间：6d 实际时间：	滞后1d

图4-7 钢结构安装进度跟踪示意

京冶加工进度：

序号	计划内容	至10月8日加工完成情况	与月计划时间对比	与总进度计划对比
1	T7节钢骨柱	共56根，已验收完成；	验收完成计划在8月25日	计划8月14日完成验收，滞后11天
2	T8节钢骨柱	共56根，已验收完成；	计划8月30日完成验收，滞后11天	计划8月27日完成验收，滞后14天
3	T9节钢骨柱	共56根，验收完成47根，涂装9根。	计划9月8日完成验收，滞后16d；	计划9月9日完成验收，剩余15d；
4	T10节钢骨柱	共52根，焊接完成52根；	计划9月21日完成，滞后3d；	计划9月21日完成，滞后3d；
5	T11节钢骨柱	共40根，焊接完成15根，拼接完成25根；	计划10.3日完成验收，滞后5d；	计划10月3日完成，滞后5d；
6	T12节钢骨柱	共40根，未开始	计划10.15日完成验收，差1d；	计划10月15日完成
7	T13节钢骨柱	共40根，未开始	计划10.27日完成验收，到期	计划10月27日完成
4	L3-L5外平面梁、外框梁	已完成；	8月23日完成验收，已滞后4天	计划8月17日完成验收，已滞后10天

图4-8 钢结构加工进度跟踪示意

4.2 钢结构深化设计管理

北京望京 SOHO—T3 项目主楼建筑檐高 200m，采用钢框架-钢筋混凝土筒体结构体系，总用钢量 1.8 万 t，钢构件总数约为 1.5 万件，建筑造型奇特、结构复杂。

本项目钢结构工程设计和施工单位如下：悉地（北京）国际建筑设计顾问有限公司负

责施工图设计和对钢结构深化图纸进行审核，中建一局集团建设发展有限公司负责钢结构深化设计和现场安装，钢构件加工分别由中国京冶工程技术有限公司、中国二十二冶集团有限公司负责，组织架构见图4-9。

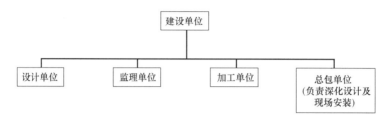

图4-9 望京SOHO—T3钢结构工程组织架构

为保证钢结构工程的质量、进度，本工程重点进行了深化设计管理和施工组织协调等，保证各单位的密切协同，在钢结构施工图设计、深化设计、采购、加工和安装阶段均能有效配合。重点了解决以下难题：

1）根据工程总体计划安排，钢结构深化设计须分阶段穿插进行，需合理划分深化设计阶段并安排工作进度。

2）加强各阶段深化设计文件的管理，提高文件审核效率。

3）在钢结构加工、安装环节，有效开展监控工作。

4.2.1 分三个阶段进行钢结构深化设计

1. 深化设计的基本要求

一般钢结构工程采用两阶段（设计图、施工详图）出图，经验成熟、有效，其基本要求为：

1）钢结构施工详图应根据结构设计文件和有关技术文件进行编制，并应经原设计单位确认；当需要进行节点设计时，节点设计文件也应经原设计单位确认。

2）施工详图设计应满足钢结构施工构造、施工工艺、构件运输等有关要求，作为制作、安装和质量验收的主要技术文件。

3）施工详图应包括图纸目录、设计说明、构件布置图、构件详图和安装节点详图等内容；图纸表达清晰、完整，空间复杂构件和节点的施工详图，宜增加三维图形表示；节点构造设计便于钢结构加工制作和安装；详图设计应结合制作条件和施工经验。

4）施工详图设计除应符合结构设计施工图外，还要满足其他技术文件的要求，包括钢结构的制作安装工艺要求、混合结构工程、幕墙工程、机电工程等综合协调、交叉作业的技术要求。

5）施工详图中应标明以下焊接技术要求：①明确构件相交节点的焊接部位、焊接方法、有效焊缝长度、焊缝坡口形式、焊脚尺寸、部分焊透焊缝的焊接深度、焊后热处理要求；②明确标注焊缝坡口详细尺寸，钢衬垫尺寸；③明确重型、大型结构制作单元和拼装焊接的位置，标注工厂或工地焊缝；④明确分段位置和拼接节点焊缝等。

6）施工详图分批提交设计单位确认时，应编制专项计划和工作流程，施工单位应明确图纸版本、用途的标注和管理规定。

7）为保证进度，可在详图设计的同时采购钢材，但施工单位用于准备、提料等过程的文件，未经设计单位确认的，不能作为质量验收依据。

2. 本工程深化设计目标

除以上基本要求外，北京望京 SOHO-T3 项目钢结构工程深化设计，由施工单位根据结构施工图，结合施工现场实际条件，进行细化、补充和完善，主要目标为：

1）深化设计的进度，应能满足总控计划的要求。因此，在确定总控计划后，应根据采购、加工、安装等计划要求，制订深化设计的计划。

2）作好与土建钢筋、机电留洞、幕墙连接件等各专业间的设计配合工作。

3）实现复杂节点在工厂加工和现场安装、焊接的可操作性。

3. 钢结构深化设计阶段和分工

望京 SOHO-T3 项目总控计划确定后，通过计划倒排，确定了深化设计最晚完成时间，并将钢结构深化设计分三个阶段进行，即采购图、深化图、加工图。

1）采购图：主要作为钢结构材料采购使用。依据设计单位提供的结构施工图，结合工程实际情况，确定本工程主要构件的尺寸、材质、下料加工要求、焊接质量要求、构件拼接方式和顺序等，以此为依据进行钢构原材的采购。

2）深化图：主要作为现场安装使用。根据结构图中构件截面大小、构件长度、不同用途的构件进行归并、分类，将构件编号反映到建筑结构的实际位置中去，采用平面布置图、剖面图、索引图等不同方式进行表达，构件的定位应根据其轴线定位、标高、细部尺寸、文字说明加以表达，以满足现场安装要求。

3）加工图：主要作为生产车间加工组装使用。根据钢结构设计图和构件布置图采用较大比例来绘制，对组成构件的各类大、小零件均应有详细的编号、尺寸、孔定位、坡口做法、板件拼装详图、焊缝详图。

4）深化设计流程如图 4-10 所示。

4.2.2 开展深化设计进度管理

1. 设计计划安排的原则

采购图应满足钢材下料准备的需要，深化图和加工图的完成应满足施工和构件加工的需要，采购图出图时间需比深化图和加工图提前 1 个月，加工图和深化图出图时间比加工和现场安装至少提前 1 个月的时间。

望京 SOHO-T3 项目，如 T1 节（B4～B3 层）钢骨柱，采购深化图完成时间为 2011年 12 月 19 日，加工开始时间 2012 年 1 月 19 日；加工图完成时间为 2012 年 1 月 16 日，构件加工完成时间为 2012 年 2 月 21 日；深化图完成时间为 2012 年 2 月 17 日，安装日期为 2012 年 4 月 2 日。

2. 为保证深化设计可以满足施工总控计划要求采取的措施

1）深化设计单位应提前确定，因深化设计从开始设计准备到完成首节钢结构深化需要 4～6 个月，且钢结构深化设计应能满足施工进度及加工进度的要求；

2）依据总进度计划，要求钢结构加工、安装单位编制深化设计、钢构件加工的出图计划，然后上报总包单位，并组织专项专题会议，建设单位、监理单位、总包单位进行协调、统一确定后由监理单位监督落实执行；

3）监督出图计划的落实情况，按照计划定期检查深化设计出图情况，按周提交进度报告。当发现进度滞后将要影响总控计划时，提前采取措施进行处理。

3. 望京 SOHO-T3 项目钢结构工程深化设计计划实施的实际情况

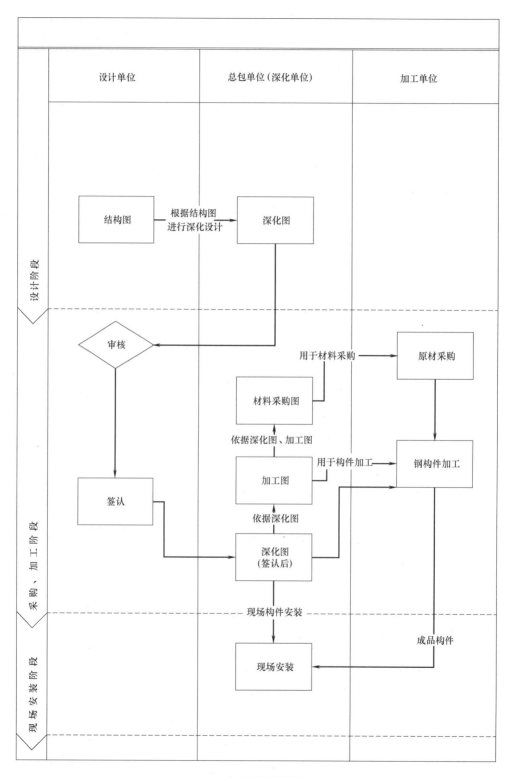

<table>
<tr><td></td><td>设计单位</td><td>总包单位（深化单位）</td><td>加工单位</td></tr>
</table>

图 4-10　钢结构深化设计流程

实际情况如表 4-3、表 4-4 所示。

分节(1节2层)	采购图		深化图		加工图	
	开始时间	完成时间	开始时间	完成时间	开始时间	完成时间
T1 节	2011.12.15	2011.12.19	2012.1.8	2012.2.17	2012.1.4	2012.1.16
T2 节	2011.12.15	2011.12.16	2012.1.8	2012.2.17	2012.2.26	2012.3.9
T3 节-T12 节	2011.12.15	2011.12.16	2011.12.20	2012.4.15	2012.3.16	2012.7.13
T13 节-T20 节	2011.12.15	2012.2.8	2012.4.16	2012.5.18	2012.7.14	2012.10.25
T21 节-T25 节	2012.2.9	2012.3.6	2012.5.19	2012.6.13	2012.10.26	2012.12.29

外框圆管柱深化设计进展情况 表 4-4

分节(T2-T3 节每节2层,其余每节3层)	采购图		深化图		加工图	
	开始时间	完成时间	开始时间	完成时间	开始时间	完成时间
T2 节	2011.12.15	2011.12.19	2012.1.8	2012.3.6	2012.2.8	2012.2.24
T3 节-T7 节	2011.12.15	2011.12.16	2012.3.10	2012.4.15	2012.3.9	2012.6.6
T8 节-T12 节	2012.1.8	2012.2.8	2012.4.16	2012.5.18	2012.6.7	2012.8.25
T13 节-T18 节	2012.2.9	2012.2.24	2012.5.19	2012.6.24	2012.8.26	2012.11.14

4.2.3 钢结构深化设计文件的审核与管理

望京 SOHO-T3 项目,在建设单位的组织下制定并实施了钢结构深化设计报审流程、报审要求、设计质量管理要求、图纸和变更管理要求等规定,定期召开设计例会,建立共享电子设计文档等措施。

1. 钢结构深化设计的编制要求

深化设计是钢结构设计与施工中不可缺少的一个重要环节,深化设计的设计质量,直接影响着钢结构的制作和安装的质量,本工程有较多复杂钢结构深化设计,深化图应满足如下要求:

1)钢结构深化人员应具备相应的施工经验和技术能力,对施工结构图、建筑图应全面地进行理解,明白原设计的意图和要求。

2)深化设计要详细地设计钢结构的每一个构件,为钢结构的制作和安装提供技术性文件。

3)钢结构的构件制作和安装必须有安装布置图和构件详图,其目的是为钢结构制作单位和安装单位提供必要的、更为详尽的、便于进行施工操作的技术文件。

4)通过图纸的二次设计,使复杂分散的节点经细化后变得有规律,一目了然。

2. 钢结构深化图的报审

1)钢结构深化图报审流程

本工程钢结构深化设计由总包单位负责完成,具体审批流程如下:由钢结构深化设计单位根据原设计结构图和建设单位提出的具体深化设计条件完成深化详图设计,完成后钢结构深化设计单位按钢结构深化图送审计划送审有关图纸(建设单位项目部、建设单位设计部、设计单位、总包单位、监理单位各1份)。由建设单位组织各参建方对钢结构深化设计详图进行汇审,形成汇审意见,钢结构深化设计单位根据汇审意见对深化详图进行调整,调整完成再次进行汇审,汇审通过后报建设单位设计部,由建设单位设计部安排设计单位盖"审核批准"章,建设单位设计部盖"正式施工图"章并下发。审批流程见图4-11。

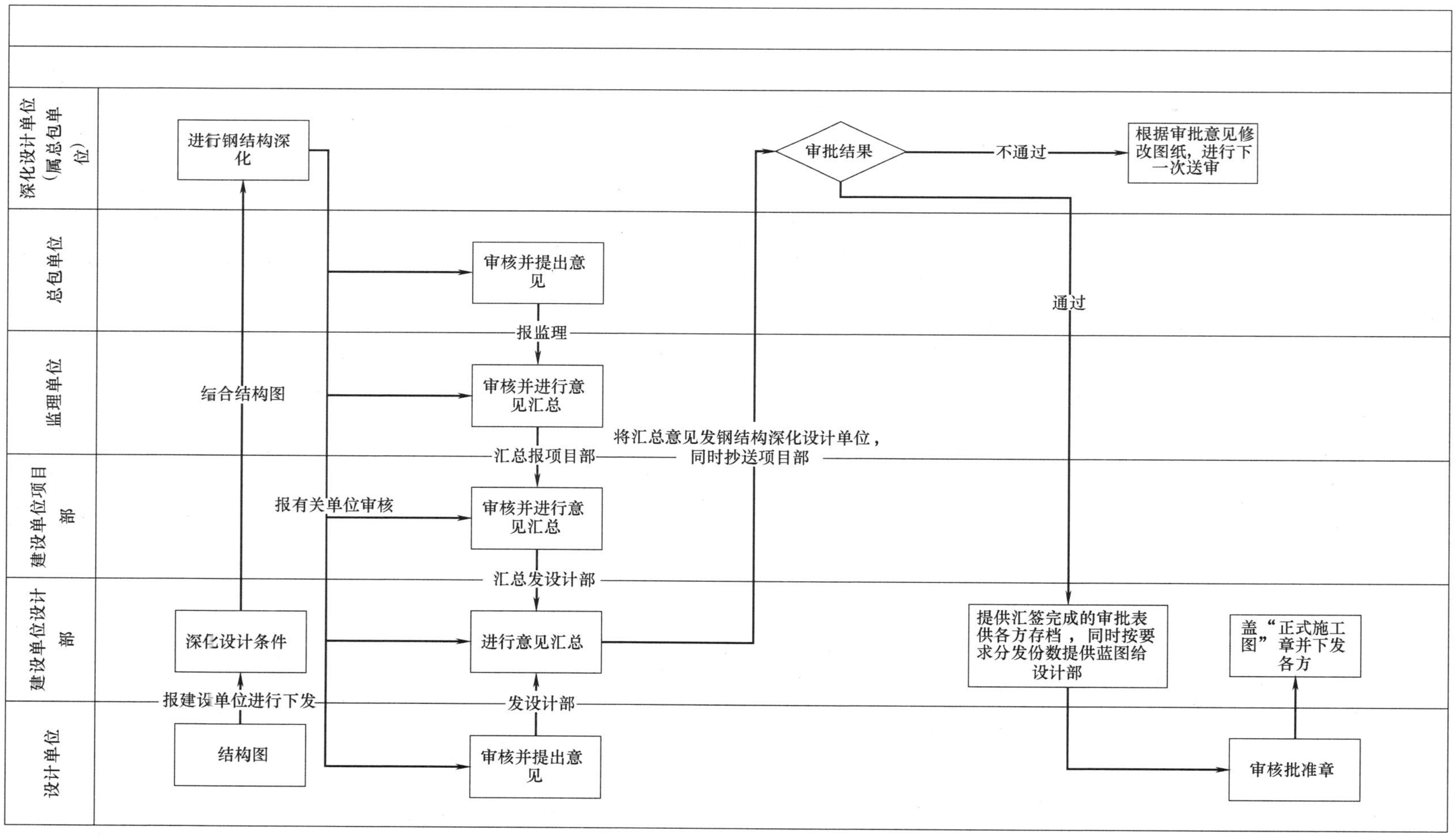

图 4-11 钢结构深化设计报审流程

2) 钢结构深化图报审要求

（1）深化设计图纸审批应层层把关，全面校核。钢结构深化设计部门首先进行内部审核，然后报总包单位技术部进行审批，最后组织有关单位进行会审。

（2）深化设计图纸的格式应根据统一规定的要求进行编制。深化设计文件的内容、格式、技术标准、送审份数和程序应能满足建设单位和有关规定的要求进行，从而保证设计文件的质量。

（3）施工过程中凡发生涉及更改施工图的变更，需设计单位的签章才可予以实施。所有有关此工程来往的联系单（或函件）都需按照 ISO 9001—2000 质量体系的要求进行。如针对该工程的特殊工艺需对原设计进行改动，需先行与设计单位沟通并作施工计算，交总包单位、监理单位审定签字后，交设计单位进行审核后方能实施。

（4）每张施工详图都需有版本号，以识别是否有修改或是第几次修改。

（5）每批施工详图归档的内容包括：设计单位签章确认的施工详图；施工详图的电子文件；来往联系单文件。

3) 深化设计质量管理

深化设计的质量不仅决定了整个工程的施工质量，同时会影响到建设施工过程能否顺利进行。若设计深度不能满足施工要求，势必会造成施工过程中的无法进行或与有关专业的冲突，频繁的设计变更也会加大有关单位组织和协调工作。为此，深化设计人员从如下方面制定相应的保证措施。

（1）深化设计单位需成立深化设计质量保证小组。质量保证小组由该单位技术总工担任，由设计部负责人担任深化设计责任人，并由具备丰富制图经验的设计人员负责绘制详图。为确保本项目如期保质保量完成，项目组绘图人员由设计部经理按照实际情况调配。

（2）按批准的深化出图计划，按时提供施工详图和相关技术文件。

（3）派驻设计、工地安装现场设计代表，参加与钢结构相关的设计联络、技术协调会、技术交流等。

（4）参加加工制作、焊接、安装等过程中出现的质量事故核查、鉴定，提供相应的技术处理方案建议等。

（5）根据设计单位调整设计（结构图、建筑图等）的内容进行施工详图设计变更，参加工地安装验收等，配合招标人完成竣工图。

（6）在建设单位的组织下，与设计单位、总包单位、监理单位进行图纸会审。

（7）为满足钢结构安装的需要，与总包单位共同制定构件详图标识。

（8）配合现场安装的需要，制订分批出图计划，安排设计任务。

（9）在实施过程中，如有疑问之处，一般问题以传真或 PDF 格式的信件等形式与建设单位、总包单位、设计单位进行联系，特殊的问题会同建设单位、设计单位、总包单位等举行协调会处理问题。

（10）每一批图经过自检、校对、审核后送建设单位审核签章。

（11）在制作与安装过程中出现涉及更改施工图及施工验算的问题，必须在征得设计单位同意的前提下进行处理。

（12）深化设计内容。深化设计内容应全面、准确，具体应包括如下内容：

① 相应设计文件和相关专业的施工图；

- 施工深化设计图说明。
- 直接操作过程中依据的规范、规程、标准和规定。
- 主材、焊材、连接件等选用的型号、规格、牌号。
- 焊接坡口形式、焊接工艺、焊缝质量等级和无损检测要求。
- 构件的几何尺寸以及允许偏差。
- 表面除锈、涂装喷涂等技术要求。
- 构造、制造等技术要求。

② 构件、立面布置图：
- 清晰显示构件几何形状和断面尺寸，在平、立面图中的轴线标高位置和编号。
- 构件材料表：名称、数量、材质、品种、规格、重量等。
- 构件连接件：品种、规格、数量和加工质量等。
- 构件开孔：位置、大小、数量等。
- 焊接：焊缝和尺寸、坡口形式、衬垫等。
- 确定连接件的形式、位置等要求。
- 确定连接材料的材质、规格、数量、重量等要求。

③ 预拼装图和现场组拼图
- 构件的平、立面布置：标明构件位置、编号、标高、方向等。
- 构件布置的连接要求。

4.2.4 深化设计的信息管理。

望京 SOHO-T3 工程钢结构深化设计工程量较大，且随着施工的开展必将会出现设计变更及工程洽商，所以对深化设计的文档和信息管理就显得相当重要。

1）首先应检查钢结构深化图、设计变更、工程洽商的有效性。正式版深化图应有设计单位的签认和设计单位的签批；设计变更、工程洽商应由建设单位、监理单位、总包单位、深化设计单位等负责人的签认方可执行。

2）施工单位报审深化设计图纸时，需同时提供纸质的图纸和电子版图纸，电子版图纸包含 DWG 文件和 PDF 文件。

3）钢结构加工图设计完后，作为钢构件加工的依据，在工厂加工前，需要将钢结构加工图报送设计单位、建设单位项目部、设计部、预算部、监理单位做备案。图纸报送的方式为纸质图纸。

4）正式钢结构深化图由专人负责进行分类归档并编制图纸目录，并负责对过程中出现的设计变更，在相应的图纸和目录上进行标识，便于查阅。

5）建立设计变更、工程洽商的台账登记管理（图 4-12），此台账有明确的建设单位设计部下发日期、变更编制日期、编号、专业类别、变更原因，并与设计变更电子版设置了链接，根据目录即可查看设计变更义件。

6）监理单位建立内部信息共享平台，由资料员负责将电子版深化图和有关设计文件、工程洽商等文件上传至共享平台，以实现基础数据的共享。

根据需要，本工程专门设置钢结构监理组，主要分为现场及加工厂管理和控制。加工厂分为中国京冶和中国二十二冶，分别派驻监理工程师至加工厂进行监造，主要负责原材进场验收，复试见证取样，组装工序的巡检，焊接工序的隐检，成品构件的出厂抽检，配

设计部下发日期	变更编制日期	编号	变更内容	发放明细	备注
			钢结构深化图		
2012年2月20日	2012年2月14日	T3-A02-C2-0002	结构专业		
2012年3月20日	2012年2月13日	03-02-C2-001	变更原因：A02		
2012年3月20日	2012年2月14日	03-02-C2-002	变更原因：A02		
2012年3月20日	2012年2月25日	03-03-C2-003	变更原图：B02，配合东侧下沉广场原规划台阶方案修改		
2012年3月20日	2012年2月29日	03-02-C2-004	变更原图：C02		
2012年3月20日	2012年3月6日	03-02-C2-005	变更原图：A02		
2012年3月20日	2012年3月6日	03-02-C2-006	变更原图：A02		
2012年3月20日	2012年3月9日	03-02-C2-007	变更原图：A02		
2012年3月20日	2012年3月9日	03-02-C2-008	变更原图：A02		
2012年3月28日	2012年3月17日	03-02-C2-009	变更原图：A02		
2012年3月28日	2012年3月21日	03-02-C2-010	变更原图：A02		
2012年3月28日	2012年3月21日	03-02-C2-011	变更原图：A02		
2012年3月31日	2012年3月22日	03-02-C2-012	变更原图：C02		
2012年3月31日	2012年3月26日	03-02-C2-013	变更原图：A02		
2012年3月31日	2012年3月27日	03-02-C2-014	变更原图：C02		
2012年4月10日	2012年3月28日	03-02-C2-015	变更原图：A02		

图 4-12　钢结构设计变更登记台账

合建设单位和总包单位落实构件加工的设计变更，构件加工阶段的资料汇总、编制周报并上报建设单位项目部。现场方面主要负责的工作为：钢构施工单位的资质审核，安装技术方案的审核，深化图纸的审核，钢构件进场的验收，钢结构安装过程的巡检，钢结构安装隐检和验收等。钢结构监理组织架构见图 4-13。

图 4-13　钢结构监理组织架构

具体分工职责如下：

1）钢结构监理工程师：主要负责任务的分配；与有关单位的协调工作；钢结构的施工组织设计、施工方案，特别是其中的吊装方案进行审批；主持编制钢结构监理实施细则；审核工程量。

2）现场监理工程师：现进场构件的检验、对于现场钢构件的安装和焊接负责全过程质量的监控、全程参与第三方监检工作；图纸审核；现场安装进度跟踪。

3）驻厂监理工程师：负责材料进厂的检验、工厂钢结构件的下料、组拼、焊接、喷涂、预拼装、第三方监检和出厂检验等工作；现场加工进度的跟踪；编制驻厂监理周报。

4）资料员：负责资料的收集归档；负责目录的编制；与驻厂监理工程工程师的协调。

为确保现场与加工厂能够有效的、实时的进行沟通，将现场或加工厂发生的质量缺陷或需要协调的问题进行双向反馈，以便采取一致性措施进行管理和控制。

为保证专业工程师掌握钢结构深化设计文件，监理单位内部编制了《钢结构图纸熟悉流程》，其包括基本流程和熟悉图纸要点，每周按照施工进度对图纸进行审核和熟悉，并于每周二提交审图意见或熟悉图纸记录。其目的：一是及时发现和提出图纸中存在的问题，避免影响施工质量和进度；二是为了增强监理工程师对图纸的熟悉程度，掌握图纸的内容和设计要求，保证监理工作的效果。

图纸熟悉和审核流程见图 4-14。

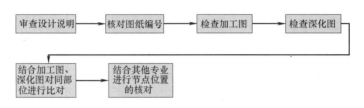

图 4-14　图纸熟悉和审核流程

审核、熟悉图纸的要点和原则：

1）审查设计图纸中的编制依据，检查编制依据中的规范、图集的适用范围、适用年限。

2）认真领会设计意图，掌握图纸构造的节点转换和规定的连接形式，构件的轴网布置与安排。

3）查看图纸中的标高、安装定位轴线坐标有无差错。

4）核对设计蓝图与设计详图对细部节点做法的描述是否统一。

5）熟悉设计总说明中规定的材料质量、规格和性能，且应满足国家现行标准，易组装、便于施工。

6）若图纸中出现新材料、新工艺、新做法，应给出质量判定的标准。

7）在施工图设计总说明中应注明防火涂料的性能、涂层厚度和质量要求等。

8）设计说明中应注明对安装阶段焊接方法、焊接质量等级、焊缝长度和厚度的要求。

9）各构件间的连接方式、详细做法应交代清楚。

10）检查各图纸中对于预留、预埋管件的位置、数量、标高是否统一。

11）深化图纸中节点做法应清楚，符合国家或行业标准，构件间的连接形式、构件标高轴线的控制，应该满足要求。

12）出图应规范，保证图纸的质量。图纸标题、编号、版号和出图日期应清晰，图纸标签栏目单位、专业、审核、批注须齐全。

13）设计蓝图与详图中对构件材质、数量、编号应统一，且需满足国家和行业标准要求。

14）构件加工的符号、形式、安装的轴线、标高、几何尺寸标注需齐全。

15）构件的几何尺寸应齐全，相应尺寸应正确，图纸中应给出安装螺栓等级、规格、数量、标记和统计表。

16）监理单位在审核钢结构加工方案要结合图纸，围绕加工中的重点、难点对关键工序质量控制、加工的胎具措施等进行可行性分析。

17）监理单位审核安装施工组织等也要结合图纸，对安装的步骤、顺序和施工方法能否满足设计要求，提出改进意见。

18）审图过程牵涉到的原材料、辅助材料或施工质量要求，按现行国家标准、规程的要求执行。

4.3　精装修协调组织管理

望京 SOHO-T3 项目室内装修设计与整体建筑设计理念相契合，展现流线型外形、弯曲直角、形似船帆等简约现代的时尚元素，精装修凸显出精致、简约、明快的后现代格调，其大堂、电梯厅和办公区的精装修设计极具特色，对装修材料和细部构造均有严格的要求。

首层大堂地面采用水磨石，墙面采用具有调节室内湿度功能的天然洞石，顶部采用轻钢龙骨吊顶外罩香槟色乳胶漆，并形成流线形曲线造型。办公楼层电梯厅地面采用天然大理石，墙面采用天然洞石，顶部采用轻钢龙骨吊顶外罩乳白色乳胶漆，办公楼层公共走廊、户内地面采用可拆卸网络地板，墙面为乳胶漆，公共走廊顶部采用轻钢龙骨吊顶外罩乳白色乳胶漆，办公区内顶部裸露天花喷涂乳白色乳胶漆（机电管线外露），办公区采用透明钢化玻璃门，局部设超白背漆玻璃造型墙，装饰效果见图 4-15、图 4-16。

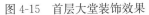

图 4-15　首层大堂装饰效果　　　　　　图 4-16　电梯厅装饰效果

在精装修工程中，面对众多技术管理难点，包括：完成异型结构、曲线装修各专业定位；实现建筑师要求的细部效果；各专业施工的整体部署和专业协调；现场安全和文明施工管理等。通过采取实施样板层、深化设计、界面划分、工序交接等措施，实现了对精装修工程质量和进度的统一管理，具体情况如下。

4.3.1　装修样板的施工

望京 SOHO-T3 项目在 F4 层右筒区域实施精装修样板，目的包括：验证装修设计整体效果、细部构造和确定材料，完善设计不足之处；确立装修实物质量标准；为解决大面施工中多专业交叉配合提供经验；测试单位面积下甲供装修材料的实际用量，为甲供材进场计划做准备等。样板施工工期共 4 个月，因为跨春节，实际工期为 3 个月。样板层平面见图 4-17。

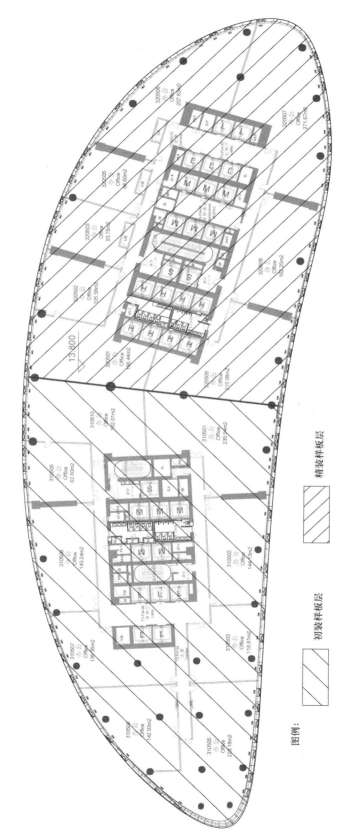

图 4-17 F04 样板层位置和范围示意

图例：

精装样板层

初装样板层

样板工程实施过程中，建设单位、监理单位、精装分包单位与设计单位协商，对部分材料做法和细部构造进行了优化，如圆管柱装饰装修，初期设计圆管柱外做木龙骨骨架，石膏板封板外罩乳白色乳胶漆，为节省空间和降低施工难度，取消木龙骨骨架和石膏板封板。通过反复节点细化和品质提升，最终确定了装修材料和构造做法。精装修材料和做法见表4-5。

装饰装修工程做法 表4-5

序号	房间	部位	材料做法
1	电梯厅	墙	米黄色洞石、1.2mm厚不锈钢
		顶	轻钢龙骨12mm厚石膏板吊顶
		地	云多拉灰石材
2	走廊	墙	轻钢龙骨12mm厚石膏板墙、乳胶漆、1.2mm厚不锈钢、12mm厚透明钢化玻璃、8mm厚超白背漆玻璃
		顶	轻钢龙骨12mm厚石膏板吊顶
		地	架空地板
3	办公区	墙	轻钢龙骨石膏板墙、乳胶漆、1.2mm厚不锈钢、12mm厚透明钢化玻璃、8mm厚超白背漆玻璃
		地	架空地板
4	卫生间	墙	300mm×600mm瓷砖
		顶	轻钢龙骨12mm厚防水石膏板吊顶
		地	150mm×600mm瓷砖

4.3.2 工程界面划分和工序交接

1）建设单位、监理单位与总包单位、分包单位根据合同承包范围确定了初装修与精装修间的工作界面划分，通过样板层施工完善了初装修移交精装修的标准，工作界面划分和交接标准见表4-6～表4-8。

望京SOHO-T3工程初装修移交精装修标准（土建） 表4-6

区 域	项 目	承包人（含其他分包）	甩项内容	甩项完成时间
无吊顶区域	地面	地面施工至垫层,预留精装做法	无	
	墙面	砌块砌筑,抹灰压光,混凝土墙剔凿修补平整	无	
	钢结构柱	防火涂料完成并验收通过	无	
	顶棚	结构面层,修补平整,压型钢板表面验收合格,钢结构防火涂料验收完成并通过	无	
有吊顶区域	地面	地面施工至垫层,预留精装做法	无	
	墙面	砌块砌筑,抹灰压光,混凝土墙剔凿修补平整	无	
	钢结构柱	防火涂料完成并验收通过	无	
	顶棚	结构面层,修补平整,压型钢板表面验收合格,钢结构防火涂料验收完成并通过	无	

区　域	项　　目	承包人(含其他分包)	甩项内容	甩项完成时间
卫生间清洁间	地面	地面完成至垫层,预留装修做法厚度	无	
	墙面	砌筑和抹灰完成(具备防水基层施工条件);结构面层;修补平整;检修口留(开)洞和加固(加固钢框打磨并涂刷防锈漆两道)	无	
	顶棚	结构面层,修补平整,压型钢板表面验收合格,钢结构防火涂料验收完成并通过	无	
防火门、钢制门(由防火门单位安装的区域)		防火门门框灌灰,防火门和钢质门门框、扇和五金件安装,门框周边塞口	门扇和五金件安装	精装修完工前
防火门、钢制门(由精装单位安装的区域)		预留一次或二次结构洞口和移交	无	
精装楼梯间		地面完成至垫层;墙面砌块砌筑,抹灰压光,混凝土墙剔凿修补平整;顶棚:结构面层,修补平整,压型钢板表面验收合格,钢结构防火涂料验收完成并通过	无	
强、弱电管井		地面至面层,挡水台完成;墙面、顶棚完成至第一遍涂料;压型钢板表面验收合格,钢结构防火涂料完成并通过验收	墙面第二遍涂料	精装修完工前
水暖、消防管井		地面至面层;墙面、顶棚完成至第一遍涂料。压型钢板表面验收合格,钢结构防火涂料完成并通过验收	墙面第二遍涂料	精装修完工前
幕墙		幕墙体系安装、层间封堵、室内隔墙与幕墙间封修安装和五金件安装完成	无	

望京SOHO-T3工程初装修移交精装标准(设备)　　　表4-7

区域	项目	承包人(含其他分包)	甩项内容	甩项完成时间
户内	消火栓系统	消火栓及管道安装、试压,箱体安装	消火栓箱门及附件安装,管道标识	配合精装计划
	消防喷淋系统	主、干、支管及喷淋头安装、试压完成	管道标识	配合精装计划
	风机盘管+新风系统	设备和管道安装、试压、保温,风口安装	管道标识,风机盘管调试	配合精装计划
公共区域	空调系统:新风机组、风机盘管+新风系统	设备和管道安装、试压、保温、管道标识,设备调试	风口安装	配合精装计划
	防排烟系统	设备和管道安装,设备调试	风口安装	配合精装计划
	消火栓系统	消火栓箱体安装,消火栓和管道安装、试压,管道标识	消火栓箱门及箱体内附件安装	配合精装计划
	消防喷淋系统	主、干、支管安装、试压,管道标识	追位支管、喷淋头安装、二次试压	配合精装计划
	直饮水系统	直饮水给、排水管路安装,试压,地漏安装	饮水机安装、调试	配合精装计划

区域	项目	承包人（含其他分包）	甩项内容	甩项完成时间
户内和公共区域	排风扇	结构预留预埋	穿线，盖板	配合精装计划
	照明灯具	结构预留预埋	穿线，装灯具	配合精装计划
	强电插座和户箱	二次配管、追位完	穿线，装面板，户箱安装	配合精装计划
	弱电插座和设备	二次配管、追位完	穿线，装面板，设备，弱电箱	配合精装计划
	强弱电末端设备	二次配管、追位完	穿线，装面板，设备	配合精装计划

2）工作面移交时，由监理单位组织相关单位参加移交检查，在移交过程前，对以下事项进行检查核实。

（1）移交区域内整齐洁净，无任何影响进场的垃圾、土建/机电等剩余材料。

（2）所有初装工程施工完毕，已具备移交标准。

（3）精装区域内各区域净尺寸符合设计要求、阴阳角方正等。

（4）二次结构与主体交接处严密整齐；主体结构跑模或胀模的处理要到位，不能影响精装。

（5）梁底与墙面交接处填堵密实，墙、顶面无没用洞口。

（6）电梯门套周边密实、无空裂。

（7）防火门框四周的处理密实无空裂。

（8）机电管线标高和位置准确，满足图纸要求；结构预埋机电线管严禁凸出墙面。

（9）过楼板管周围封堵平整，符合要求。

（10）所有管井内无垃圾，清理干净。

（11）机电线盒二次追位符合要求。

（12）无吊顶房间结构面达到平顺要求。

（13）井洞封堵符合标准要求。

（14）地面平整度和标高一致。

（15）顶棚检查口位置与机电施工的阀门位置一致。

（16）卫生间局部下水和预留管线位置符合精装要求。

（17）洁具上水预留水管位置、出墙距离符合要求。

（18）内隔墙厚度符合门框厚度要求。

（19）初装抹灰质量合格，无空鼓、裂缝现象。

工作面移交时填写交接记录表，见表 4-9。

4.3.3 对装修工序的安排与协调

精装修工程的交叉作业和专业配合是工程管理的关注点，通过样板施工的磨合，对各部位的各专业施工间的工序予以安排和协调，按照"先湿后干、先基层后罩面、先墙后顶再地面、先初装后精装"的原则进行工序安排。所有罩面板的封闭，须待水、电等专业安装工程确认合格后方可进行。专业上需按照先水电管线安装施工，然后装饰面板的施工顺序进行。

通过制订严格的施工进度计划和相应的保证措施，保证在规定的时间节点前完成相应的施工项目，工程施工的整个过程都严格执行总工期的时间节点安排，按期完工。施工工序的安排考虑了季节因素，在春节长假前，将施工区域大部分木工活等施工至 60% 以上，为春节长假以后的湿作业提供便利条件。

交接记录表 　　　　　　　　　　　　　　　　　　　　　　表 4-9

移交精装修预验收检查记录					编号		
					专业		
工程名称					检查时间		
验收部位	层			验收单位：			
部位	存在问题				责任单位和消项整改情况		
					责任单位	完成时间	复查情况
签字栏	移交单位	总包：		机电：			幕墙：
	接收单位						
	验收单位	监理：					

1. 装修阶段总体工序安排

见图 4-18。

2. 卫生间施工工序的安排与协调

经建设单位与监理单位协商，由监理单位组织总包单位、精装修分包单位对由总包交付的卫生间进行复查，检查结构是否符合精装要求。合格后由精装修分包单位进场放线，并与机电分包单位沟通。由机电专业管线施工完毕后，再由精装修分包单位将整个卫生间独立封闭进行湿作业。

湿作业进行前，先将基层清理干净，然后开始做地面找平层、防水层。待闭水试验合格后做防水保护层，冬期施工和春节前卫生间施工作业内容完毕。春节后卫生间施工进入正常施工时期，开始墙面、地面砖铺贴，门框、扇的安装。吊顶内专业管线完成试水并验

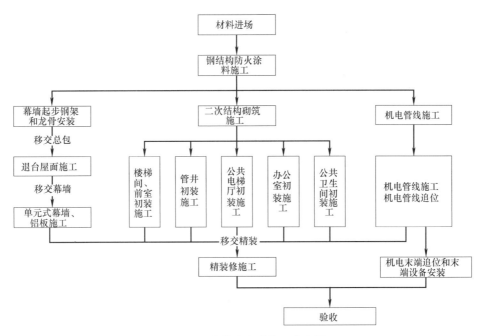

图 4-18 装修阶段总体工序安排

收合格后进入吊顶封板施工。最后安装台面、洁具、五金等。

3. 办公楼区施工工序的安排

办公区域大面积施工在冬期施工和春节假期后开始,为了避免冬施期间对质量的不利影响,精装修分包单位对办公区域进行放线、配合专业走管和轻钢龙骨石膏板施工等,避免湿作业。

春节假期结束后,分包单位对办公区域进行大面积施工。首先是墙面基层处理、粉刷石膏、腻子找平、底漆最后是面漆,其次是地面砖的铺贴,最后对墙面、地面进行保护后开始吊顶喷涂的工作。

4. 公共电梯厅、公共走廊施工工序的安排与协调

与办公区相同,电梯厅和公共走廊大面积施工都安排在春节假期之后,机电专业管线在春节之后完成试水和验收,此区域施工工序与办公区相同。不同的是吊顶施工时,在精装修施工单位完成吊顶封板前将对机电管线进行定位,此时机电专业管线需插入施工,将各个管线支管施工至精装施工定位处,待封板后进行开孔安装末端设备。在电梯厅墙面砖施工时需要与电梯厂家配合,由电梯厂家给出电梯门中线,精装修施工单位将按照电梯门中线的尺寸施工。在公共走廊地砖施工时,将地砖在图纸上进行事先翻样,并且在现场进行放线。

4.3.4 精装修设计审核管理

精装修图纸审核是工程施工前的必备工作之一,其目的是为了减少从设计方面对施工质量和进度造成的不良影响。审核重点如下:施工图纸是否有遗漏;图纸中各主要节点是否有明确的做法;精装图纸与施工现场是否有冲突;图纸材料颜色、品牌、规格等是否明确、详细;各专业图纸之间有否冲突项。

施工图及深化设计的进度会影响到整个项目的工期,设计未完成,施工就不能进行,

其后果就是造成工期的拖延。建设单位与国外设计事务所合作提供招标图,深化设计和施工图设计在施工阶段由专业分包单位完成。总包单位负责对各专业分包单位的设计工作进行协调管理,建设单位设计部对分包单位提交的深化图纸进行审批,审批通过后,方可开始施工。

虽然深化设计图纸能够满足现场大部分施工需要,但在工程中仍发现部分设计节点不合理、施工存在误差、多专业交叉等影响因素,局部未能按照深化图纸要求进行施工,监理单位组织人员对精装图纸进行熟悉和审核,对图纸问题进行汇总,并及时知会建设单位,与建设单位和专业分包单位就问题和意见进行了沟通、交流,并形成处理记录(图4-19)。

序号	提 出 问 题 事 件	提出时间	本期例会处理意见	最终处理意见
1	清洁间饮水机排水管高于地面瓷砖,主体施工中如何处理?是明露还是像样板间一样做地台?	2013.6.10	现场施工样板确定(总版意见造样板施工)	依据样板施工
2	石材门无法安装闭门器、限位器	2013.6.15	设计现场查看后待定(终板意见)	取消石材门闭门器、限位器
3	清洁间墩布池龙头接口为DN15,机电甩口为DN20.	2013.6.15	设计协调机电变动	
4	窗帘盒做法高于单元体上框	2013.6.15	精装保证同一户内的水平即可	

图 4-19　精装修设计问题和处理记录

4.3.5　进度管理

1. 影响施工进度因素分析和解决方案

样板实施后,通过分析影响施工进度的因素如表 4-10 所示,制订全面装修施工时的解决方案,避免不利因素对本工程进度的影响。

影响精装修施工进度因素分析及解决方案　　　　　　　　　　　　　表 4-10

序号	影 响 因 素	解 决 方 案
1	装修图纸深化设计对工期的影响	在工程前期,精装单位应根据装修效果图、装修设计图纸、施工材料、施工规范要求、建设单位要求等,结合现场实际情况完成每个区域的平面位置图、节点图的绘制,并及时通过建设单位、设计单位审批
2	施工过程中专业协调问题对工期的影响	严格遵循移交管理规定,实行移交制,在面层施工前与隐蔽工程专业签订交接表,以保证面层施工时基层设备已安装并验收合格,避免返工和成品被破坏的现象出现
3	材料合同的签订和加工订货对工程进度的影响	施工完成材料送样,通过审批确认。将样品封样,以作为验收进场材料的参照依据。封样完毕后催促精装单位与厂家签订合同后依据图纸和现场放样,进行加工订货,不因出现加工订货方面问题而影响工期
4	材料储备对工期的影响	施工单位根据施工进度需要,提前做好材料储备,避免大面施工时材料进场滞后问题

序号	影 响 因 素	解 决 方 案
5	材料品质对工期的影响	材料进场后，应严格按照封样、合同和规范要求对材料种类、数量、规格进行现场验收，避免因材料不合格影响质量、进度
6	垂直运输对施工工期的影响	二次结构砌筑、机电管线安装同时进行，临时电梯使用频率高，直接影响精装材料的运输，多专业使用时，做好临时电梯管理工作，错开使用高峰期
7	甲供材对施工工期的影响	采用计划提量供应的方式，充分考虑施工单位开始提量到进场使用的准备周期(最高达 45 天)，提前做好提量工作

2. 装修施工进度计划的编制

望京 SOHO-T3 项目装修施工计划工期 355 日历天，由于造型奇特、节点复杂，工作量和施工难度大，装修施工进度将直接影响工程交付使用日期，是工程进度中的关键工作，通过对施工进度计划的严格控制管理，最终满足了总控计划的要求。

装修施工计划满足总控计划的要求，同时考虑专业施工配合的要求。根据装修总控计划，分别编制相关的配套进度计划，具体包括材料封样计划、样板计划、甲供材料进场计划等，形成计划体系（图 4-20～图 4-22）。

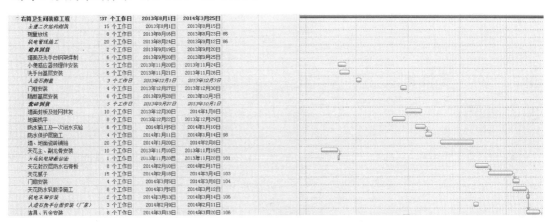

图 4-20　装修总控计划

精装类材料

A.基层材料

序号	材料名称	部位				负责人					
1	石膏	办公、走廊墙面	c	D	样品室	洪涛	2013/8/5	2013/8/7	2013/8/6	2013/8/10	—
2	耐水腻子	墙面、天花	c	D	样品室	洪涛	2013/8/16	2013/8/16	2013/8/17	2013/8/10	—
3	75隔墙龙骨	墙面、天花	c	D	样品室	洪涛	2013/8/16	2013/8/16	2013/8/17	2013/8/23	
4	50吊顶龙骨	墙面、天花	c	D	样品室	洪涛	2013/8/16	2013/8/16	2013/8/17	2013/8/23	
5	石膏板	墙面、天花	c	D	样品室	洪涛	2013/8/16	2013/8/16	2013/8/17	2013/8/23	
6	细木工板	墙面、天花	c	D	样品室	洪涛	2013/8/20	2013/8/22	2013/8/21	2013/8/23	
7	镀锌板	墙面、天花	c	D	样品室	洪涛	2013/8/20	2013/8/22	2013/8/21	2013/8/23	
8	钢材类	墙面、天花	c	D	样品室	洪涛	2013/8/20	2013/8/22	2013/8/21	2013/8/23	
9	防火涂料	墙面、天花	c	D	样品室	洪涛	2013/8/20	2013/8/22	2013/8/21	2013/8/23	
10	干拌砂浆	地面	c	D	样品室	洪涛	2013/8/20	2013/8/22	2013/8/21	2013/8/23	实物封样
11	水泥板	卫生间墙面	c	D	样品室	洪涛	2013/8/20	2013/8/22	2013/8/21	2013/8/23	
12	岩棉	墙面	c	D	样品室	洪涛	2013/8/25	2013/8/25	2013/8/27	2013/8/30	
13	防水涂料	卫生间	c	D	样品室	洪涛	2013/8/25	2013/8/25	2013/8/27	2013/8/30	
14	AB胶	石材干挂	c	D	样品室	洪涛	2013/8/25	2013/8/25	2013/8/27	2013/8/30	
15	云石胶	石材干挂	c	D	样品室	洪涛	2013/8/25	2013/8/25	2013/8/27	2013/8/30	
16	玻璃胶	玻璃镜子安装	c	D	样品室	洪涛	2013/8/25	2013/8/25	2013/8/27	2013/8/30	
17	石材干挂件	干挂石材	c	D	样品室	洪涛	2013/8/30	2013/8/30	2013/8/31	2013/9/1	

图 4-21　材料封样计划

序号	材料名称	规格	工程量	单位	使用部位	第一批到场时间	备注
1	架空地板	500*500	36940	m²	F07-10/F21-35/F41-44层户内办公地面	2013年10月10日	F07-10/F21-35/F41-44层户内办公室/各项材料与封样相同
2	亚光白墙面涂料		39500	m²	F07-10/F21-35/F41-44层户内办公墙面	2013年9月1日	
3	亚光白顶棚涂料		37000	m²	F07-10/F21-35/F41-44层户内办公顶棚（含设备）	2013年9月1日	
4	门夹（上和下）	玻璃厚=12	494	套	F07-10/F21-35/F41-44层户内办公玻璃门五金	2013年9月5日	
5	地锁	玻璃厚=12	494	套		2013年9月5日	
6	地弹簧	100KG	494	套		2013年9月5日	
7	门拉手	玻璃厚=12 H=600mm	494	付		2013年9月5日	
8	架空地板及地毯	500*500	4340	m²	F07-10/F21-35/F41-44层公共走道地面	2014年1月10日	F07-10/F21-35/F41-44层公共走道及合用前室/各项材料与封样相同
9	亚光白墙面涂料	耐擦洗	11490	m²	F07-10/F21-35/F41-44层公共走道及合用前室墙面	2013年9月1日	
10	亚光白顶棚涂料		4500	m²	F07-10/F21-35/F41-44层公共走道及合用前室顶棚	2013年9月1日	
11	合用前室地面砖	600*200	590	m²	F07-10/F21-35/F41-44层合用前室地面砖	2013年9月5日	
12	灰色地面石材	600*800等（不切割，备料参考）	1330	m²	F07-10/F21-35/F41-44层电梯厅地面	2013年9月10日	F07-10/F21-35/F41-44层电梯厅/各项材料与封样相同
13	墙面白色洞石	600*800等（不切割，备料参考）	1430	m²	F07-10/F21-35/F41-44层电梯厅墙面	2013年9月10日	
14	亚光白顶棚涂料		1350	m²	F07-10/F21-35/F41-44层电梯厅顶棚	2013年9月1日	
15	浅灰色地面砖	600*150	1080	m²	F07-10/F21-35/F41-44层卫生间地面	2013年9月5日	F07-10/F21-35/F41-44层卫生间/
16	白色墙面砖	600*150	2860	m²	F07-10/F21-35/F41-44层卫生间墙面	2013年9月5日	
17	亚光白顶棚涂料	防水	1150	m²	F07-10/F21-35/F41-44层卫生间顶棚	2013年9月1日	
18	坐便器（含配套配件）	SA02A	30	套		2013年9月20日	

图 4-22　甲供材料进场计划

对装修总控制计划阶段分解，进行滚动式周期跟踪：①编制月进度计划，其计划中包括：原材进场进度情况、甲供材进场情况、样板实施情况、封样完成情况。月进度计划的编制应以总控计划的时间节点为准，并结合现场实际情况进行编制。月进度计划的时间节点不可超过总控计划的要求。②装修分包单位以周报的形式汇报本周装修施工完成情况，并以此为实际进度与月进度、总控计划进行对比。其中月进度计划作为预控指标，领先于总控计划，当周计划滞后于月计划时，就应及时分析滞后原因并采取纠偏措施，以保证总控计划的顺利进行。

3. 进度管理措施

在进行装修施工进度管理时，采取了严格的进度跟踪管理措施。每周上报周报，并在每周例会中对装修施工情况进行汇报，若发现滞后及时进行对比分析，并制定措施和检查落实情况。

1）月进度计划的审批

装修施工单位每月 20 日上报次月施工进度计划，并以此组织召开月进度计划讨论会。主要是针对总控计划的要求，对月进度计划逐项进行审核，当发现某单项进度滞后，分析讨论滞后原因，并制定处理措施。施工单位根据讨论结果对月进度计划进行调整，于25日前完成上报，并跟踪月进度计划的落实情况。

2）周计划跟踪

每周根据现场周报，检查现场施工进度情况，对滞后的部位进行重点跟踪，调查滞后原因。每周例会时向建设单位进行汇报，并要求施工单位汇报处理措施，形成会议决议，督促其整改落实情况。周计划跟踪情况见图4-23。

1. 施工部分：

序号	上周施工计划	开始时间	完成时间	上周实际完成量	累计完成量	与月计划对比	与总计划对比	备注
1	施工部分							
1.1	7-10层墙面面层乳胶漆	05.05	05.11	40%	70%	0	0	
1.2	21-25层不锈钢安装	05.05	05.11	30%	90%			
1.3	21-25层洁具安装	05.05	05.11	50%	100%	0	0	
1.4	26-28层走廊顶面乳胶漆	05.05	05.11	40%	40%			
1.5	26-28层玻璃门安装	05.05	05.11	30%	40%	+1	0	
1.6	31-35层墙面第一遍乳胶漆	05.05	05.11	25%	100%	+2	0	
1.7	31-35层走廊吊顶封板	05.05	05.11	40%	90%	0	0	

图4-23　周计划跟踪

3）解决专业间交叉影响

精装修施工和机电安装的配合是专业交叉影响的重中之重，机电安装各施工工序的及时插入和相互协调配合是保证工程施工进度、控制工程质量的重要环节。机电分包单位按照总体施工进度计划，与精装修分包单位共同编排施工作业计划，实现各专业进度管理一体化。例如，消防喷淋与精装配合，共同制订了打压作业计划（图4-24）。

4）召开工地每日例会

自工程进入后期，每日下午18：00，建设单位、监理单位、各施工单位召开日例会，重点在于保证施工单位是否落实本日施工进度，并对明日施工进度做出明确要求，并定责任单位、责任人，通过该种督促手段，明确了监理单位与建设单位的要求，保障了工程顺利实施。工地日例会纪要见图4-25。

5）落实总包单位的管理和服务工作

（1）提供施工场地上的通道和必要的材料堆放场地。

（2）提供施工垂直运输的需要。

电梯作为超高层项目中重要且不可或缺的垂直运输工具，是作业工人、管理人员到达施工岗位、材料运输至作业面、垃圾清运的必备条件，所有的计划、设想、筹划也只有在垂直运输解决好的前提下才可以实现。在本项目，先后用到了临时电梯和正式电梯。

配合精装打压计划

单位名称	施工区域	机电要求时间		备注	施工区域	机电要求时间		备注
		定位板给机电	打压给精装			定位板给机电	打压给精装	
深圳洪涛	F8电梯厅与走廊	/	/		F8卫生间	3.9	3.12	
	F9电梯厅与走廊	/	/		F9卫生间	3.9	3.12	
	F10电梯厅与走廊	/	/		F10卫生间	3.9	3.12	
	F21电梯厅与走廊	/	3.13		F21卫生间	3.8	3.13	因卫生间与开敞区之间没关断阀门，打压要一次进行
	F22电梯厅与走廊	/	3.13		F22卫生间	3.8	3.13	
	F23电梯厅与走廊	/	3.15		F23卫生间	3.8	3.15	
	F24电梯厅与走廊	/	3.15		F24卫生间	3.8	3.15	
	F25电梯厅与走廊	/	3.18		F25卫生间	3.8	3.18	
	F26电梯厅与走廊	3.15	3.19		F26卫生间	3.15	3.19	
	F27电梯厅与走廊	3.20	3.24		F27卫生间	3.20	3.24	
	F28电梯厅与走廊	3.25	3.29		F28卫生间	3.25	3.29	
	F31电梯厅与走廊	4.15	4.19		F31卫生间	4.15	4.19	
	F32电梯厅与走廊	4.17	4.21		F32卫生间	4.17	4.21	
	F33电梯厅与走廊	4.19	4.23		F33卫生间	4.19	4.23	因卫生间与开敞区之间没关断阀门，打压要一次进行
	F34电梯厅与走廊	4.21	4.25		F34卫生间	4.21	4.25	

图 4-24　消防配合精装修打压计划

望京 SOHO　T3 标段

业主例会会议纪要

会议时间：2014 年 5 月 6 日 18:30—19:40

会议地点：业主会议室

序号	内容	执行情况及执行人	备注
1	屋顶救援平台处防水及保护层于 4 月 21 日前完成。 5 月 6 日落实情况：屋顶救援平台于 5 月 3 日开始修补防水	一局发展	
2	5 月 10 日场地全部移交至园林施工单位 5 月 6 日落实情况：建议提前将电缆沟挖好，以便提前敷设电缆	一局发展	
3	落实首层后勤通道与幕墙交接处防火门尺寸。 5 月 6 日落实情况：修改防火门抓紧时间生产。	防火门	
4	幕墙单位尽快完成 F41、F43、F44 层窗台板安装工作。 5 月 6 日落实情况：幕墙单位尽快与厂家联系，确定窗台板进场时间，15 日进场，18 日安装完	武汉凌云	
5	B1 层残卫尽快安排拆除吊顶，后续机电尽快完成改管。 5 月 6 日落实情况：5 月 7 日深圳科源拆完，10 日安装完成	深圳科源 一局机电	
6	41-44 层走廊吊顶 5 月 5 日开始封板施工。 5 月 6 日落实情况：机电于 5 月 7 日开始从 42 层移交，精装单位随后开始封板	深圳洪涛 一局机电	
	4 月 29 日总包单位、幕墙单位就屋顶防水修补制定交叉施工计划，		

图 4-25　工地日例会纪要

因本工程属超高层建筑，故在选用临时电梯时采用高速梯，梯速为 90m/min，从首层到屋顶，大概用时 2.5min，但因用梯单位较多，上下班时乘坐电梯人数较多，由总包单位制订详尽的用梯计划和用梯制度，各单位分时用梯，分用途用梯，高峰时一部分保证材料运输，一部分保证人员运输，取得了良好效果。

（3）总包单位按施工图规定进行施工，提供合格的土建完成面，特别是门窗洞口尺寸等，不得影响精装修分包单位的施工。

（4）及时回复精装修分包单位提出的意见，及时解决精装修分包单位发现的问题。

6）及时协调、减少干扰和制约

由于外围幕墙封闭时间相对滞后，影响现场精装湿作业计划的实施，经协调调整，未封闭楼层精装主要进行木工作业，局部封闭空间（如卫生间）采取局部加温保暖措施进行湿作业。

机电开关面板、灯具、喷淋等的定位安装涉及装饰观感质量，组织施工单位提前同设计单位沟通，提前完成机电末端定位深化确认工作。

协调相关施工单位进行配合交接，包括顶部灯具、喷淋定位和开关面板周边收口配合等，使整体施工更为顺利。

附　　录

附录 A　部分超高层建筑的工程参考资料

对比项目		项目名称			
		上海环球金融中心	国贸三期	天津环球金融中心	中央电视台
一、设计及其他概况	建筑面积	381600m²	280000m²	346447m²	470800m²
	占地面积	约30000 m²	约20000m²	22257.9m²	
	高度	492m	330m	336.9m	234m
	标准层结构层高	4.2m	4.2m	4.2m	4.25m
	楼层功能布局	B1～B3 为车库及人防；3～5 层为会议设施；7～77 层为办公区；78～88 层为酒店客房，以上部分为观光区	B3 停车场、设备房；B2～B1 设备房、商业；1～4 层大堂等多用途；5～56 层办公楼层；57 层以上旅馆层；74 层顶停机平台	地下四～地下三为停车场及后勤机房；地下一为商业等附属设施；地上为办公楼及公寓楼	行政管理、综合业务、新闻制播、播送、节目制作以及员工服务和一系列技术功能区
	结构体系	钢结构	钢-混凝土组合结构	钢-混凝土组合结构	钢结构
	用钢量（总量与平方米用量）	约 6.7 万吨，每平方米约 280kg（抗震设防 7 度）	约 6 万吨，每平方米 300kg（抗震设防 8 度）	约 6 万 t，每平方米约 276kg（抗震设防 7.5 度）	约 14 万 t＋幕墙钢结构 1 万 t，每平方米约 319kg（抗震设防 8 度）
	钢筋用量	约 4.7 万 t	约 4 万 t	约 2.75 万 t	约 5.5 万 t
	混凝土用量	约 24 万 m³	约 18 万 m³	约 18 万 m³	约 34 万 m³
	电梯布置与速度	91 部（最快 10m/s）	52 部（最快 10m/s）	41 部（最快 8m/s）	80 部
	冷机与高压配电	35kV 入户，10kV 进分变配电室	10kV 入户	35kV/10kV 入户	110kV 进变配电室
	冰蓄冷	有	有	有	—
	VAV	有	—	有	无
	预制立管	有	无	无	—
	幕墙主要形式	单元式（嘉特纳）	单元式（江河）	单元式（江河）	单元式（江河）
二、进度情况	基坑	除主楼外逆作	1 年	14 个月	1 年
	地下结构	7 个月（地下 3 层）	6 个月（地下 3 层）	8 个月（地下 4 层）	8 个月
	地上结构（平均天/层）	7.9 天/层	6 天/层	6 天/层	13.3 天/层

对比项目		项目名称			
		上海环球金融中心	国贸三期	天津环球金融中心	中央电视台
二、进度情况	装修交工（预计）	结构封顶后 7 个月（初装完）	结构封顶后 15 个月（精装完）	结构封顶后 14 个月（精装完）	结构封顶后 14 个月（精装完）
	分包模式	总包联合体包括全部施工范围,随按照专业分出数十标段,除幕墙与弱电外,都由总包完成	总包合同包括全部施工范围。总包自施为结构、钢结构、粗装,后勤区精装,电气,其余为业主指定分包	总包合同包括全部施工范围,总包自施为结构,钢结构安装,粗装	总包合同包括全部施工范围。总包自施为除幕墙、弱电、消防外的全部工程

附录 B　某超高层项目 BIM 规划的部分内容

1. 各阶段工作的主要目标

1）BIM 实施规划阶段

（1）建立具备前瞻性、同时可实施的 BIM 实施规划。

（2）考虑 BIM 实施框架在整个项目生命周期内可持续发展，增加新信息，满足不断变化的项目需求。

（3）运用模型对项目方案进行分析研究。

（4）项目组成员清楚地理解项目实施 BIM 的战略目标。

（5）明确在模型创建、维护和项目不同阶段协作中的角色和职责。

（6）搭建设计信息管理平台，实现设计信息的快速流通、查找。

2）设计阶段

（1）运用净高检测、碰撞试验等 BIM 技术对图纸进行全面审核，消除大部分因图纸问题产生的变更。

（2）运用 BIM 技术开展管线综合工作，争取在投标之前完成主管线的初步协调，使机电投标报价更加准确。

（3）充分使用模型进行沟通，提高效率。

（4）运用 BIM 技术优化幕墙表皮和分格，降低幕墙造价。

3）招标及施工准备阶段

（1）在招标过程中参考 BIM 提取工程量。

（2）对投标单位的 BIM 能力进行具体要求。

4）施工及竣工阶段

（1）复核钢结构、幕墙等施工模型。

（2）建模复核二次结构等深化图纸。

（3）在幕墙、钢结构生产过程中运用数字化加工技术，提高项目质量。

（4）在物流管理、进度管理、质量控制中尝试使用 BIM 技术。

（5）通过 BIM 技术进行变更预审。

（6）制作竣工模型。

2. 设计阶段 BIM 应用的价值点

阶段	BIM 应用	几何	建筑	结构	幕墙	强电	弱电	给排水	暖通	精装	景观	其他
方案设计阶段	幕墙表皮优化	●	●	●	●							
	构件初步空间分析	●	●	●	●							
	面积统计	●	●									
	机电主路由研究	●	●	●		●	●	●	●			
	净高初步分析	●	●	●		●	●	●	●			
	工程量粗估		●	●	●							
	设计信息平台建设	●	●	●	●	●	●	●	●	●	●	●

阶段	BIM 应用	几何	建筑	结构	幕墙	强电	弱电	给排水	暖通	精装	景观	其他
初步设计阶段	设计校核建议	●	●	●	●	●	●	●	●	●	●	●
	配合专业顾问	●	●	●	●	●	●	●	●	●	●	●
	全专业碰撞检查	●	●	●	●	●	●	●	●	●	●	●
	综合净高分析	●	●	●	●	●	●	●	●	●	●	●
	构件定位分析和优化	●	●	●	●							
	主路由优化建议	●	●	●		●	●	●	●			
	交通系统研究	●	●	●							●	电梯
	虚拟漫游	●	●	●	●	●	●	●	●	●	●	●
	设备材料工程量初步统计和分析		●	●	●	●	●	●	●	●		●
	会议支持	●	●	●	●	●	●	●	●	●	●	●
	全专业图纸审查	●	●	●	●	●	●	●	●	●	●	●
	工程量估算		●	●	●	●	●	●	●			
	建筑面积动态跟踪与统计	●	●									

附录 C 部分工程管理流程和表格

1. 附图 C-1 样板工程施工和验收程序
2. 附图 C-2 工程进度控制基本程序
3. 附图 C-3 甲供物资进场基本程序
4. 附表 C-1 乙供物资备案登记表
5. 附表 C-2 施工现状和返工确认单
6. 附表 C-3 文件呈审表

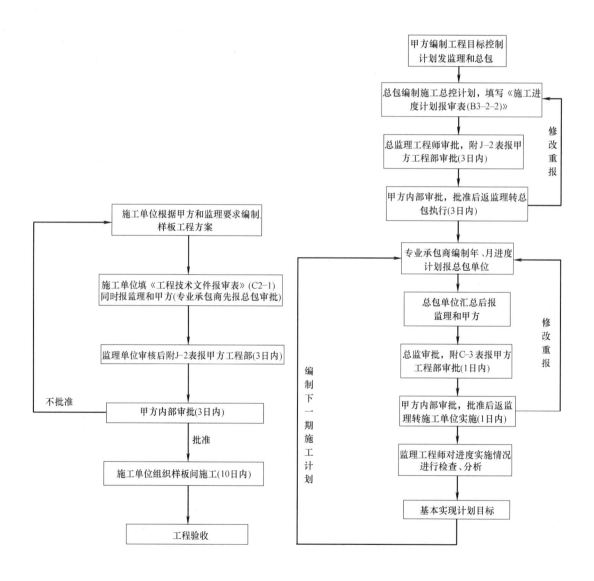

附图 C-1 样板工程施工和验收程序　　　　附图 C-2 工程进度控制基本程序

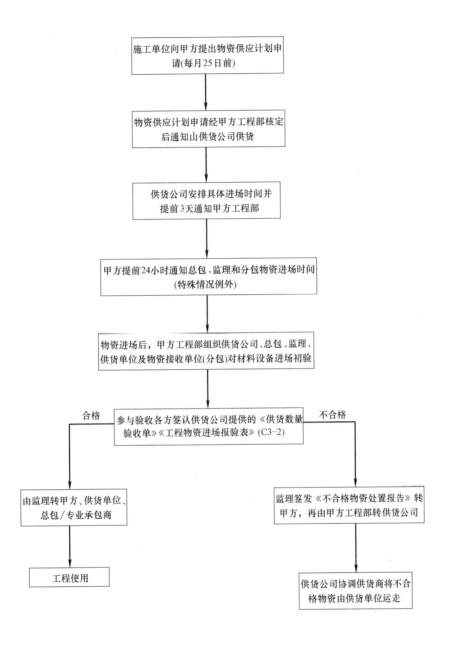

附图 C-3　甲供物资进场基本程序

备注：1. 供货单位 24h 内填报《工程物资进场报验表》（C3-2）；供货公司提前将《供货数量验收单》提供给工程部；

2. 物资进场验收时各方无法当时检验其产品质量和性能时，仅对其外观、数量及供货清单中所报内容进行验收。材料设备在使用、安装、调试中出现问题，则依据国家相关法定、法规、规范和我司工程管理规定和合同等文件做相应处理。

| | 乙供物资备案登记表 | | | 附表 C-1 |

施工单位： 　　　　　　专业类别： 　　　　　　日期： 　年　月　日

序号	名称	品牌	供应商	备注
1				
2				
3				
4				
5				
6				
7				
8				
9				
10				
11				
12				

甲方 工程部	签字： 　　　　　　年　月　日
甲方 项目部	签字： 　　　　　　年　月　日
甲方 预算部/山海天	签字： 　　　　　　年　月　日

说明：

1. 本表由施工单位在所提供物资品牌确定后填写，并报监理和甲方备案。

2. 进场时施工单位须持本表办理进场手续。

3. 本表须加盖甲方工程部公章后有效，其他部门会签，需甲方认价的物资同时加盖供货公司公章。

施工现状和返工确认单				附表 C-2	
施工单位				专业	
设计变更/洽商编号		收文日期		填表日期	
施工单位对收文时施工情况的报告和需返工情况的统计	负责人签字：　　　　　年　　月　　日				
总包单位意见				有返工情况	无返工情况
	质量负责人签字：　　　年　　月　　日				
监理单位意见				有返工情况	无返工情况
	质量负责人签字：　　　年　　月　　日				
建设单位意见				有返工情况	无返工情况
	质量负责人签字：　　　年　　月　　日				
最后结论				有返工情况	无返工情况

呈审文件名称			呈审文件单位		
呈审文件日期		呈审文件编号		涉及专业	
施 工 单 位		施工单位 文件编号		监理公司 收文日期	

文件内容摘要：

业主审批意见：

业主审批结论		☐　　批准		☐　　不批准	
工程部主管			工程部经理		

附录 D 部分工程材料管理用表

1. 附表 D-1 精装修材料汇总提量表
2. 附表 D-2 A、B 类材料验到货接收单
3. 附表 D-3 A、B 类材料单项验收单

精装材料汇总提量表 附表 D-1

序号	材料名称	规格	数量	单位	使用部位	第一批到货时间	备注
1							
2							
3							
4							

提量单位(总包)签字： 日期：

审核单位(监理)签字： 日期：

注：上述表格内容由总包单位填写（按每栋楼提量），监理单位审核后报建设单位采购部。

A、B 类材料到货验收单 附表 D-2

编号：

工程名称			材料名称		
合同编号			供货范围	□楼号	
供货厂家			是否安装	□是 □否	
名称	规格	数量	名称	规格	数量
承包方验收意见		签字： 时间：			
监理验收意见		签字： 时间：			

见证方项目部 验收意见	签字：　　　　时间：
见证方采购部 验收意见	签字：　　　　时间：

备注：验收单必须填写验收合格字样。　第　页　共　页

A、B 类材料单项验收单　　　　　　　　　　附表 D-3

编号：

工程名称			材料名称		
合同编号			供货范围	□楼号	
供货厂家			是否安装	□是　　□否	
名称	规格	数量	名称	规格	数量

承包方验收意见	签字：　　　　时间：
监理验收意见	签字：　　　　时间：
见证方项目部 验收意见	签字：　　　　时间：
见证方采购部 验收意见	签字：　　　　时间：

备注：验收单必须填写验收合格字样。　第　页　共　页

附录 E   工程变更管理用表

1. 附表 E-1   工程设计变更文件发放表。
2. 附表 E-2   现场签证计量单。
3. 附表 E-3   合同价款变更单。

工程设计变更文件发放表　　　　　　　　　　　　　　　附表 E-1

××××工程·设计变更文件发放表		承包人	机电分包单位	监理	机电顾问	设计部	项目部	市政部	市政监理	预算部	采购部	专业分包	设计院	合计
设计变更文件	土建类设计修改通知单	建筑、结构、园林建筑、总图													
		园林绿化(含喷灌)													
	机电类设计修改通知单	给排水、电气(强电、弱电)、暖通、园林电气、园林给排水													
		小市政													
	深化设计修改通知单	室内精装修													
		幕墙、外窗、铝合金装饰、钢制防火门、防火玻璃门窗、防火卷帘													
	土建类工程洽商记录	建筑、结构、总图、园林建筑													
		园林绿化(含喷灌)													
	机电类工程洽商记录	给排水、电气(强电、弱电)、暖通、园林电气、园林给排水													
		小市政													

现场签证计量单　　　　　　　　　　　　　　　　　　附表 E-2

承/分包单位(全称):

合同名称	
工作依据	按提供的业主通知(或设计变更单)编号为:_____之约定,本计量结果作为业主通知(或设计变更单)之依据。
项目编码	业主通知(或设计变更单)编号_____—计量 01
工作内容	应与业主通知或设计变更单一致
计量单位	(同合同的约定单位一致)
预计工程量	(承/分包单位计量结果或预计工程量)

计划计量日期	年 月 日	
附件:	(业主通知、设计变更等原始依据的名称、编号、文件日期)	
第一步: 承/分包单位提交申请及发包方批复是否进行计量(紧急时可电话确认)	承/分包单位:	预算部项目主管意见: 年 月 日
第二步:计量过程	经对以上实测数据计算,签证工程量为:(由双方经办人现场实测图或实测数据,可做附件) 承/分包单位签字: 监理工程师签字: 发包人项目工程师/经理签字: 工料测量师签字: 年 月 日	
第三步: 预算部项目主管确认	预算部项目主管签字: 年 月 日	

合同价款变更单　　　　　　　　　　　　　　　附表 E-3

承/分包单位填报

工程/合同名称: _____

价款变更单编号: (合同编号/变更文件编号/所属合同价款变更单顺序编号) 共____页

变更事件概要: _____
_____

报价金额: _____ 报价日期:_____

承/分包单位名称: _____ 负责人(签字):_____

附件清单:

编号	名称/概要	签发日期	签发人

工料测量师审核

如未批复原因: 超时效 □ 支持文件不完整或无效支持文件 □

变更原因: _____ 是否为无效成本: 是□ 否□

审核金额: _____

工料测量师(签字): 审核完成日期:_____

业主/发包人审批

最终审核金额:_____

项目预算主管(签字): 日期:_____

审算中心复核(签字): 日期:_____

总监审批(签字): 日期:_____

参 考 文 献

[1] 中国建筑业协会. 全国建筑业绿色施工示范工程管理办法（试行）[S]. 2010-07-07.

[2] 市政府第 247 号令. 北京市建设工程施工现场管理办法 [S]. 2013-05-07.

[3] 建质〔2013〕149 号. 住房城乡建设部关于深入开展全国工程质量专项治理工作的通知 [S]. 2013-10-24.

[4] 中国钢结构协会. 建筑钢结构施工手册 [M]. 北京：中国计划出版社，2002.

[5] 建质〔2011〕67 号. 2011～2015 年建筑业信息化发展纲要 [S]. 2011-05-10.

[6] 中国建筑业协会. 中国建筑业信息化发展报告 [C]. //2010 年中国建筑业年鉴.

[7] 丁士昭. 建设工程项目管理 [M]. 北京：中国建筑工业出版社.

[8] 丁士昭. 工程管理的前沿研究方向.

[9] 王宇静. 基于项目信息管理门户（PIP）的工程项目信息管管理研究 [J]. 建筑管理现代化，2007（2）.

[10] 中国建设监理协会. 注册监理工程师继续教育培训必须课教材. 北京：知识产权出版社.

[11] 北京工程管理科学学会. 工程建设自主创新与科学发展 [M]. 北京：中国城市出版社.

[12] 北京双圆工程咨询监理有限公司. 超高层建筑工程及项目咨询监理实录 [M]. 北京：中国建筑工业出版社.

[13] 汪中求，吴宏彪，刘兴旺. 精细化管理 [M]. 北京：新华出版社.

[14] 张玉平，顾新勇. 建筑精品工程策划与实施 [M]. 北京：中国建筑工业出版社.

[15] 中国建筑防水协会. 2013 年全国建筑渗漏状况调查项目报告 [R].

[16] 易举. 用系统工程理论剖析防水工程质量影响因素 [J]. 中国建筑防水，2015（10 月下）.

[17] 张翔浅. 谈超高层建筑管理重难点. 城市建设理论研究 [J]. 2014（5）.

[18] 潜宇维，徐强，张婷等. 望京 SOHO-T3 工程设计特点及施工技术创新 [J]. 建筑技术，2014（12）.

[19] 刘文航. 大型复杂钢结构钢构件制作和质量监控 [J]. 建筑技术，2014（12）.

[20] 张陆凯，王利军，孟华勋等. 超高层逐层内缩结构塔式起重机的选型与安装 [J]. 建筑技术，2014（12）.

[21] 梁咏，王向东，李铮等. 大基础底板大体积混凝土浇筑质量控制 [J] 建筑技术，2014（12）.

[22] 朱进勇，宋向山，孙宏伟等. 弧形平立面超高层结构板边的测量控制技术 [J]. 建筑技术，2014（12）.

[23] 刘文航，郝鹏远，孟德才. 钢框架—钢筋混凝土筒体液压爬模技术控制要点 [J]. 建筑技术. 2014（12）.

[24] 宋玉鹏，王会林，张标. 复杂造型高层建筑幕墙安装技术 [J]. 建筑技术，2014（12）.

[25] 刘蕾，吕超，于戈等. 防水工程施工中的过程控制及节点设计深化 [J]. 建筑技术，2014（12）.

[26] 张莉莉. 北京绿地中心工程科技创新与创效 [J]. 建筑技术，2015（4）.

[27] 侯君伟. 我国高层建筑建造技术的发展 [J]. 建筑技术开发，2015（8）.

[28] GB 50016—2014 建筑设计防火规范 [S].

[29] JGJ 3—2010 高层建筑混凝土结构技术规程 [S].

[30] GB 50352—2005 民用建筑设计通则 [S].

[31] JGJ 99—98 高层民用建筑钢结构技术规程 [S].

[32] GB 50755—2012 钢结构工程施工规范 [S].

[33] JGJ 3—2010 高层建筑混凝土结构技术规程 [S].